建筑师创造力的培养

——从苏联高等艺术与技术创作工作室
（BXУTEMAC）到莫斯科建筑学院（MAPXИ）

韩林飞　В.А.普利什肯　霍小平　著

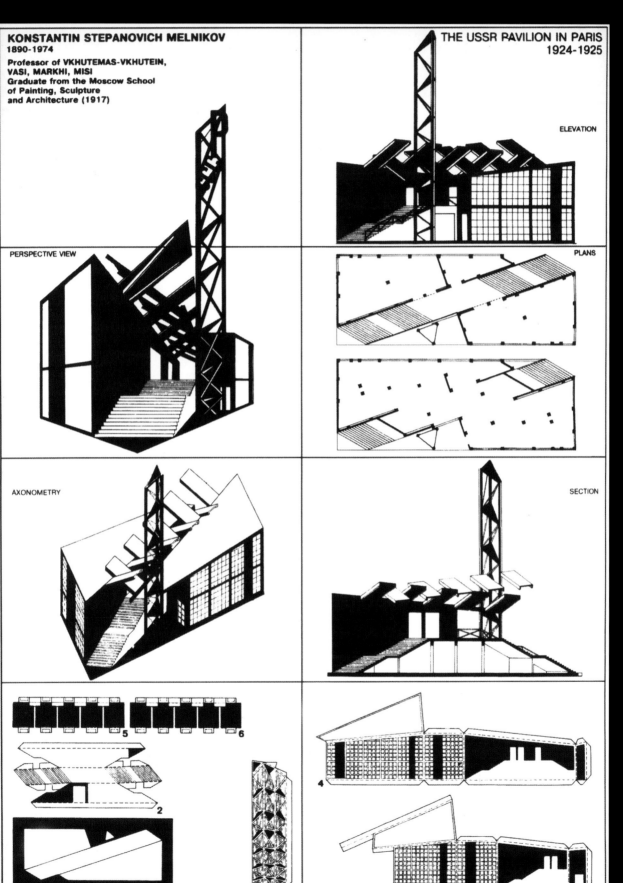

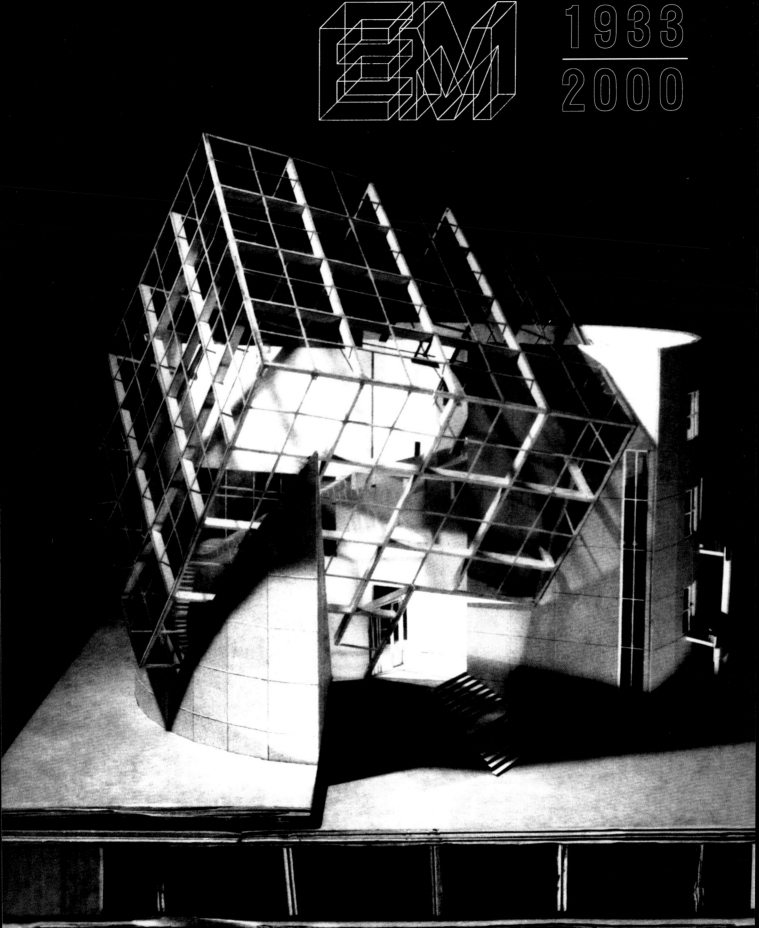

EM 1933/2000

序

近年来，很少有来自前苏联、俄罗斯的建筑信息，更谈不上介绍俄罗斯最新建筑理论的专著。读了韩林飞同志与莫斯科建筑学院B.A普利什肯教授编著的《建筑师创造力的培养》一书，我仿佛回到了50年前，回到了50年前的苏联，50年前的莫斯科，50年前的莫斯科建筑学院……

关于那一段历史，总给人以振奋的感觉。如火如荼的社会主义建设，人们心态平和奋发努力的时代，总令人无限思念……

一个时代造就一代人，一种文化历史积淀成就一个民族的性格。正如俄罗斯辽阔的国土一样，俄罗斯人坦荡、豪爽、对人真诚。50年前，我们与他们有过一段非常亲密的接触，同志加兄弟的友谊，给我们带来了不仅是文化与科学技术的相互学习与交流，同时这一段历史对于我国的建设事业，对于我国的城市与建筑影响深远。

我国的建筑教育体制也吸收了前苏联20世纪50年代的许多特点，这为我国的建筑教育事业奠定了一定的基础。这段历史是不能否认的，改革开放20多年来，我国的建筑教育事业适应我国城市与建筑发展的需要，也取得了不少成就，形成了具有中国特色的建筑教育体系。当然，近年来我们主要吸收的是欧美、日本等国家的经验，对于当年曾帮助过我们的前苏联与今天俄罗斯的建筑教育体系却了解甚少。

兼收并蓄才能更好地发展。韩林飞博士在俄罗斯及欧洲留学期间，注意收集莫斯科建筑学院的教学成果，并与俄罗斯的教授们一起把他们的经验系统地总结出来，通过大量的学生作业及教师的作品全面而综合地展示了莫斯科建筑学院的教学体系。从这些作品中还可以了解莫斯科建筑学院深厚的学术传统和扎实的教学功底。

作为世界建筑教育体系中一个特点鲜明的学术流派，莫斯科建筑学院的建筑教育成就主要体现在以下几个方面：

1. 特点鲜明的学前教育及预科教学体系：在本书中，作者系统地介绍了俄罗斯建筑教育的学前教育，这种方法对于以后的专业学习，或是一般的素质培养都是受益匪浅的。这一点很值得我们学习和借鉴。

2. 系统扎实的建筑历史教育：从莫斯科建筑学院城市建筑历史学的教学中，可以体现出培养和丰富学生建筑历史专业知识，俄罗斯式的历史文化传统。从世界范围内、从本国的历史文化中积累并培养学生的历史知识和文化素质，这是一个具有悠久历史文化的国家，在高等教育中应该重视，而且必须深入细致地完成教学任务，这对于当今建筑教育的理论及训练工作是有所启迪的。

3. 建筑设计教学理论及训练方法：从莫斯科建筑学院学生的作业中，可以体会到该校科学、严谨的教学训练方法。这种训练方法是建立在对建筑本质的理解，以及对教育心理系统研究的基础之上的。探索并形成自己的科学教学方法，特别是建筑创作的教学训练方法，应是每个建筑院校所追求的目标。

4. 建筑技术、学术、环境、文化历史统一协调的教育体系：这种全面系统的教育理论使我们了解到该校学生作业严谨、独特，艺术表达充分。这也体现了莫斯科建筑学院教师的教学水平及对教育的执著追求。没有教师仔细、深入的教学研究，是难以达到这种水准的。

5. 建筑教育专业化方面分工细致明确：这种细致明确的专业化教育，对学生今后明确自己的主攻方向是有帮助的。如果学生在全面教育的基础上，深入细致地研究自己所感兴趣、所关注的建筑设计的某一方面，对于他们今后的工作及成长是非常有益的。

以上简要地分析了莫斯科建筑学院的教学成就，非常值得肯定的是，韩林飞同志收集整理了20世纪50年代以来莫斯科建筑学院的中国学生求学的情况，完成了一段历史的回顾。这是一段珍贵的历史，很有意义，对于当年曾在该校留学或进修的老一代中国学生是一段非常美好的回忆。

本书的出版将丰富我国的建筑教育理论宝库，对不断探索我国的建筑教育事业将起到一定的推动作用。同时，衷心地希望作者以及更多的年轻人，关注建筑教育事业，不断深入研究，不断奉献出新的成果。

欣然为序！

清华大学建筑学院教授　汪国瑜
2000年6月于北京

目 录

莫斯科建筑学院（МАрхИ）校园模型、外景、校址变迁图　　　　　　　　　　8

莫斯科建筑学院（МАрхИ）传统与展望　　　　　　　　　　　　　　　　10
　　А.Л.库德利雅佐夫　院士

莫斯科建筑教育的发展历程　　　　　　　　　　　　　　　　　　　　　　12
　　Л.И.别恩　研究员

莫斯科建筑学院（МАрхИ）的历史沿革　　　　　　　　　　　　　　　　14
　　Л.И.别恩　研究员

建筑师创造力与艺术素质的培养　　　　　　　　　　　　　　　　　　　　16
　　韩林飞　博士

建筑师创造力与艺术素质的培养——历史的回顾　　　　　　　　　　　　26

高等艺术与技术创作工作室（ВХУТЕМАС）的著名建筑师　　　　　　　36
　　韩林飞　博士

建筑学高等教育体系中的中学建筑奥林匹克竞赛模式　　　　　　　　　　63
　　Н.Н.安尼西莫娃　教授

俄罗斯高等建筑学教育的学前教育　　　　　　　　　　　　　　　　　　66
　　韩林飞　博士

建筑师艺术素质的培养——绘画　　　　　　　　　　　　　　　　　　　70
　　П.М.克里莫夫　教授

建筑师艺术素质的培养——绘画之入学美术、绘画考试作品　　　　　　　72

建筑师艺术素质的培养——雕塑　　　　　　　　　　　　　　　　　　　83
　　И.Н.贝林金　教授

建筑师艺术素质的培养——写生　　　　　　　　　　　　　　　　　　　90
　　В.Г.克里莫夫　教授

写生课教学大纲　　　　　　　　　　　　　　　　　　　　　　　　　　91
　　В.Т.塔里科夫斯基　教授

立体—空间构成　　　　　　　　　　　　　　　　　　　　　　　　　　100
　　А.В.斯捷潘诺夫　教授

莫斯科建筑学院（МАрхИ）模型教学　　　　　　　　　　　　　　　108
　　В.А.普利什肯　教授

建筑构图艺术的分析　　　　　　　　　　　　　　　　　　　　　　　　116
　　В.И.洛科杰夫　教授

计算机辅助建筑设计教学 — 120
Е.В.巴尔茜戈娃 教授、И.А.罗切戈娃 教授

莫斯科建筑学院（МАрхИ）——艺术史、建筑史、城市建设史教学 — 123
Д.О.什维德夫斯基 院士

建筑师的创造力——初步教育 — 129
А.В.斯捷潘诺夫 教授

建筑师的创造力——基础训练 — 139
В.А.普利什肯 教授

建筑师的创造力——建筑教育专业化 — 152
О.Д.伯列斯拉夫切夫 教授

建筑师专业化教育方向之一——居住建筑设计专业 — 154
Л.Е.普若宁 教授

建筑师专业化教育方向之二——公共建筑设计专业 — 172
В.А.普利什肯 教授

建筑师专业化教育方向之三——城市规划专业 — 202
И.Г.列热瓦 教授

建筑师专业化教育方向之四——工业建筑设计专业 — 222
С.А.吉米多夫 教授

建筑师专业化教育方向之五——村镇建筑设计专业 — 242
В.М.诺维科夫 教授

建筑师专业化教育方向之六——景观建筑学专业 — 250
С.阿热戈夫 教授

建筑师专业化教育方向之七——古建筑的修复与保护专业 — 262
Ю.拉宁斯基 教授

建筑师专业化教育方向之八——建筑历史与理论专业 — 274
И.切列金娜 教授

建筑师专业化教育方向之九——建筑环境设计专业 — 284
Б.Т.什姆卡 教授

莫斯科建筑学院（МАрхИ）的中国学生 — 294
Г.В.雷萨娃 副研究员 韩林飞 博士

附：莫斯科建筑学院档案资料馆中国学生资料 — 295

后记 — 300
韩林飞 博士

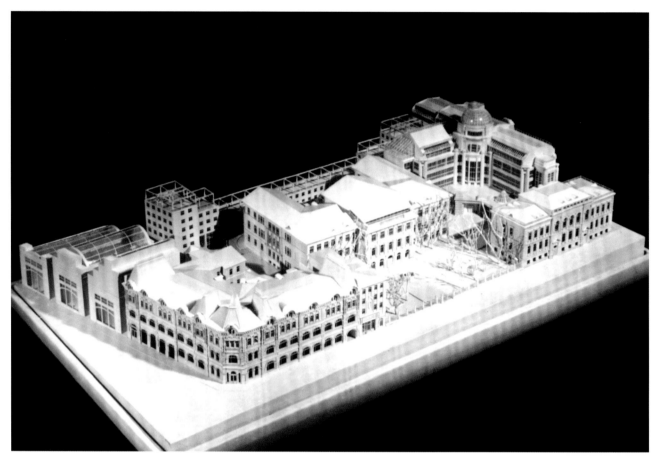

莫斯科建筑学院（MApxИ）校园模型

莫斯科建筑学院（MApxИ）外景

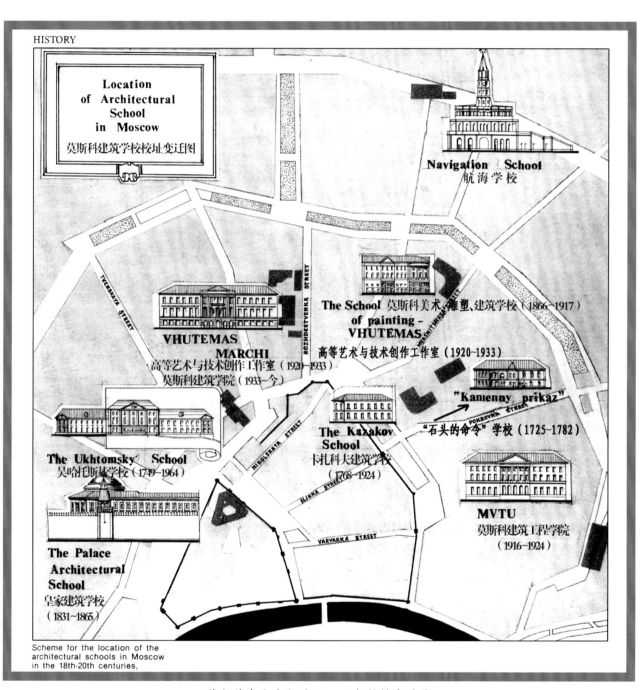

莫斯科建筑学院（MApxИ）校址变迁图

莫斯科建筑学院（MApxИ）传统与展望

А.Л.库德利雅佐夫　院士

莫斯科建筑学院（MApxИ）是一个神奇的地方，它的教授经常出现在现实生活与传说中，且莫斯科建筑师一生中最美好的回忆都与该院相联。

莫斯科建筑学院是莫斯科建筑师的摇篮，几乎每一个莫斯科的建筑师都毕业于此。❶

莫斯科建筑学院是俄罗斯首屈一指的学校，她确立了俄罗斯建筑教育的方针政策。她的灵魂与精神均在莫斯科，这表现在她对莫斯科的了解、预见、洞察、触摸以及选择上。该院设有两个科学博士论文答辩专门委员会。❷

莫斯科建筑学院，你永远年轻！曼赫登酒的甘纯和女王公园的浪漫，使学院充满生命活力与艺术的希望。学院永远是建筑艺术之光燃烧的神圣殿堂。在这里许多独树一帜的、在俗人眼中失意的建筑师，找到了自己的归宿，获得了同事和学生的尊敬。

谈及母校，我总怀着敬重之情回顾，并认识其历史和传统的价值。因为，我们计算她的历史是从18世纪光荣的杜赫陀姆斯基❸王子建筑学校，即莫斯科美术、雕塑与建筑学校❹及苏联高等艺术与技术创作工作室（BXYTEMAC）开始的，❺并于1933年由苏共（布）中央委员会和全苏教育委员会（CHK）决定，最终组建了独立的莫斯科建筑学院。

莫斯科建筑学院始终同圣·彼得堡（列宁格勒）的建筑院校保持广泛的联系。她们互相补充，并且在比较中确定自己的特长，这在艺术世界中是多么重要！

我曾说过，莫斯科建筑学院非常开放、敏锐，对新生事物和莫斯科社会主义文化进程很敏感。至今仍保留并相互竞争的现代、后现代、浪漫和古典等各种流派。虚情假意的"罗西"，在这里找不到。崇尚高雅，抨击低俗是其严格的传统。

无尽的波浪冲洗着莫斯科建筑学院，异乡人惊讶"图纸表现"图画效果的构成艺术及低年级的优雅"洗礼"。但是，这种"洗礼"可以被比喻为一个艺术生命诞生前的磨难和锤炼，今天则被称做"怀乡的感觉"。

成果，最终是伟大的象征，这也是传统。拿到毕业

证书的时刻，是学业成功的时刻，也许，在自己的创作生命中，这是惟一的一次。而集体的毕业奖状也是如此，她具有很宽阔的视野。依我之见，其中多少也有一些莫斯科城市的豪放与气魄。

处在具体环境中，城市机体的完整感觉是必需的，这在今天称做"宏观的立场"。的确，在历史脉络中对城市的体验，并未像第六感官那样影响每一位大学生的处世态度，在莫斯科已不可能是别的方式了。

我认为，我们的学院始终进行着对话，且对话的范围很广泛。在师生之间的对话中，教师在自己的教学小组中尊重每一个创造性的个体。对话还在学院和莫斯科、学院和全国、建筑师和其他艺术家、建筑师和工程技术专家、建筑教育家和建筑实践者之间展开。

学院的不足之处恰恰是保留了自己的传统（或者相反）。学院否定将传统简单地继承（如罐装食品式的），也许我们批评的正是工匠时期简单手艺的继承与延续，而不是将建筑艺术的真谛发扬光大。也许在毫无觉察之中，许多建筑创作教育的传统课程被忽视(如建筑构图课程在学生学时分配上只占有很少比重，甚至在60多门课程中也远非一类课程)，但构图的基本传统仍贯穿于建筑教育的始终。许多课程中传统课程具有不可替代性，比

如培养学生完成建筑创作思维的课程。

虽然，我们莫斯科建筑学院的学生有继承其光荣传统的责任，但我们是站在巨人肩膀上的微不足道者。在学校传统的全部演变过程中，我们始终坚持改革与发展的观念。其基本原则为：加强建筑教育的人性化与学生创造个性的培养；把知识汇集到建筑创作设计轨道中，使知识实用化；把建筑教育实践的连续性作为教学的基础；独立学习，正确看待成绩，每年考评并淘汰后进生。

实现这些计划并非易事，在高校改革的过程中，依靠的是高校的自生发展和民主化。为在学院培养知识渊博的专家，我们在公共教育阶段进行两年的基础培训，增加专业化教研室。现有10个专业教研室：住宅、公建、工业建筑、城市规划、古建筑的修复与保护、景观建筑、城市环境设计、村镇建筑、建筑历史与理论、区域与城市总体规划。

三年级教师已组织了数次学生自由参加的设计竞赛。莫斯科建筑学院代表大会（教师、研究生、大学生、后勤人员组成）每五年选举一次校长，每年听取校长的工作报告，并制定学校社会经济发展的基本方针。当然，这已是迈向独立，甚至学校自治的一大步。

1989年崭露头角的莫斯科建筑学院科学设计中心，近年来力量正在加强，其设计工作的范围在扩大，它曾完成了莫斯科市中心建筑群的改造与修复工作，并得到莫斯科建筑界的高度评价。

学院首次在"苏联的城市建筑与建设规划基础"的竞赛中获胜，这是一个长期计划，共设计了三年，并显示出学生所有的创造潜力，这是相当伟大的。

今年4月，莫斯科市政府委员会首脑决定，每年从审查毕业设计中选出好的莫斯科发展方向的建议，并推荐实施，这是考虑到莫斯科重要建筑当前和长期的工作。现在莫斯科建筑学院参加所有的莫斯科城市建设的规划设计竞赛，并提交若干份比较方案。

引人注目的工作，其中之一为：以莫斯科建筑学院为基地，组建欧洲建筑艺术中心，吸引众多国家机构、创作联盟、地方自治机构和国外高校、设计事务所参加。形成这样的中心已成为校庆前学校发展的战略，这有可能是莫斯科建筑学院今后科研设计活动的最有趣的实践。

我们正同我们的国家一起度过目前的困难时期，我们将不会停留在今天的水平，这不仅表现在莫斯科建筑学院师生的创造力上，也表现在俄罗斯与莫斯科建筑师协会的支持与合作上，更集中体现在高校师生的自发努力上。

我们深信，在未来的建设发展过程中，已唤醒了社会对建筑艺术的需求和建筑师的责任感。

我们坚信莫斯科未来建筑艺术的建筑学高校永存！学术研究永存！

注：

❶ 莫斯科建筑学院原则上只召收莫斯科市的学生，是一所走读式建筑高校，大部分学生都是莫斯科人，毕业后留在莫斯科工作。

❷ 建筑科学博士是俄罗斯及前苏联的最高学位荣誉（Доктор Наук），该学位通常授予在建筑学领域具有独到学术研究的专家，一般俄国学者在四五十岁左右才能获此殊荣。

中国学者获得的多是Кандидат Архитектуры（PH.D OF ARCHITECTURE）。目前，还没有中国学者获得俄罗斯建筑学领域的建筑科学博士（Доstор Архитектурный Науки）。

❸ 杜赫陀姆斯基（Д.Ухтомский）是18世纪俄罗斯的一位王子。

❹ 俄文全称为：Училищиа Живописи, Ваянияи Зодчества.。

❺ 俄文全称为：Выщая Художественнно-Техническая Мастерская（1920～1932）。

莫斯科建筑教育的发展历程

DEVELOPMENT OF ARCHITECT
莫 斯 科 建 筑 教

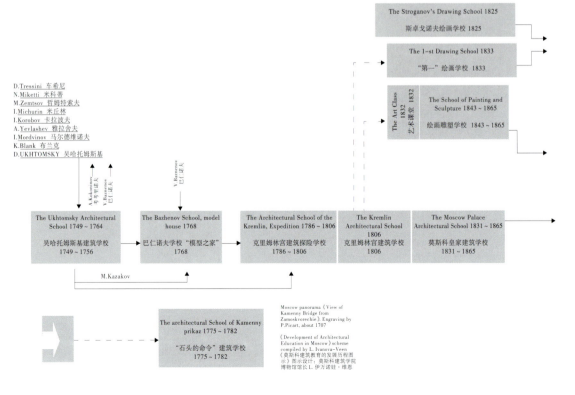

D.Tressini 车希尼
N.Miketti 米科蒂
M.Zemtsov 哲姆特索夫
I.Michurin 米丘林
I.Korobov 卡拉波夫
A.Yevlashev 雅拉舍夫
I.Mordvinov 马尔德维诺夫
K.Blank 布兰克
D.UKHTOMSKY 吴哈托姆斯基

Moscow panorama《View of Kamenny Bridge from Zamoskvorechie》. Engraving by P.Picart, about 1707
《Development of Architectural Education in Moscow》scheme compiled by L. Ivanova–Veen
《莫斯科建筑教育的发展历程图示》图示设计：莫斯科建筑学院博物馆馆长 L. 伊万诺娃·维恩

建筑师创造力的培养

URAL EDUCATION IN MOSCOW
育 的 发 展 历 程

Л.И.别恩 研究员

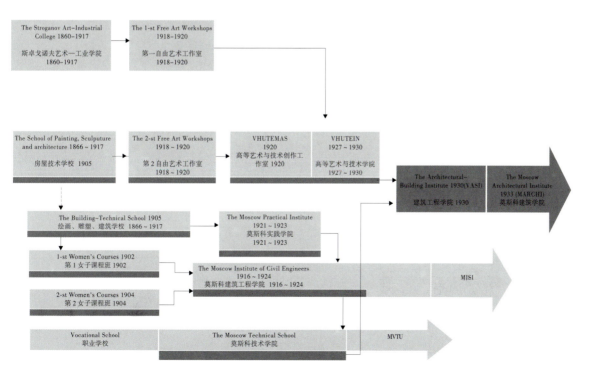

莫斯科建筑学院（МАрхИ）的历史沿革

Л.И.别恩　研究员

莫斯科建筑学院(МАрхИ)是一所培养建筑师的建筑学高等学府，且已成为俄罗斯建筑学教育领域的科学研究中心。1930年由高等艺术与技术学院（ВХУТЕИН）建筑系与莫斯科高等技术学校（МВТИ）建筑工程系的建筑学分部合并而成建筑工程学院（АСИ）。1933年学院更名为莫斯科建筑学院，1995年设立国家研究院。

莫斯科建筑学院继承了莫斯科建筑学校的传统，她始于1749年杜赫陀姆斯基在莫斯科创建的第一所"建筑师"学校，尔后，В.巴仁诺夫与М.卡扎科夫受命于克里姆林宫，继承了该建筑学校。建于1801年的克里姆林宫建筑学校是上述学校的继承者，它在1866~1918年间是美术雕塑与建筑学校。现以新的教学法与前卫建筑艺术流派而闻名的全俄高等艺术与技术创作工作室（ВХУТЕМАС）——全俄高等艺术与技术学院（ВХУТЕИН，1920~1930年），开创了莫斯科建筑学校的新时期。

学院20世纪30年代初的教学组成如下：基础分部（为期一年的建筑设计初步）；专业化教研室（以后称分部或系，包括居住和公共建筑系、村镇建筑系、工业建筑系、城市规划系）。虽然这种结构后来改变了，但她的基本内容至今不变。专业化方向教研室分成三个独立的系：居住与公共建筑系、工业建筑系、城市规划与居住区规划系。20世纪70年代增加了新的教研室：古建筑的修复与保护、建筑室内设计、工业建筑设计等。

学院设有研究生院，每年在本校和其他院校招收大学毕业生约30~50人。莫斯科建筑学院研究生院在培养受过高等教育的建筑师、研究员和建筑理论学者方面具有特殊的意义，由提名选举产生的学术委员会实行对莫斯科建筑学院的全面领导，委员会成员任期五年。

学术委员会的组成有：校长、教工学副校长、科研副校长、教学资料副校长、各系主任、各教研室主任。大学生的代表也是学术委员会必不可少的成员。

莫斯科建筑学院的首任校长是В.С.图德教授，他首先完善了学院的结构，许多改革还同И.С.尼格拉耶夫的名字联系在一起，他是学院1958~1970的校长，后来在Ю.Н.索科罗夫教授(1970~1987年任校长)的领导下，学院的教学变得丰富多彩。

目前，学院的校长是А.П.库德利雅佐夫教授，他是科学院院士。他在校内实行了竞争体制，加强了同俄罗斯和国外建筑院校的联系，并发起与成功地组织了欧洲建筑艺术中心。

1930年学校的普通学制是4~5年，而后变成5~6年。一年级招收200~250名新生，20世纪70年代招收350名。

莫斯科建筑学院1930年至今毕业了1.2万多名学生。在1930~1934年间，学院的毕业生被授予建筑师和建筑工程师称号。

莫斯科建筑学院的各个时期都有杰出的建筑师任教，他们不仅在俄罗斯有名望，并且在全世界闻名。如：Г.巴勒欣，М.巴尔什，Н.布鲁诺夫，А.布宁，А.维斯宁，В.维斯宁，А.弗拉索夫，М.金兹堡，И.弋洛索夫，А.杜什金，И.若尔陀夫斯基，А.伊万尼茨基，В.克林斯基，А.库兹涅佐夫，И.马尔科夫尼科夫，К.美尔尼科夫，Л.巴甫洛夫，Н.巴利亚科夫，И.雷里斯基，Н.谢苗诺夫，И.索巴列夫，С.切尔内绍夫，А.舒舍夫，В.舒科，Ю.谢维尔加耶夫及其他著名建筑师、学者。

各个时期都有世界级建筑大师向学生进行演讲：L.柯布西耶，F.L.赖特，M.罗根，K.罗西，R.迈耶，K.路易斯，P.巴拉特盖吉，C.卡拉特拉瓦，Y.奥尔松，A.斯密特松，P.斯密特松，P.库克，M.博塔，丹下健三，M.赛夫迪，R.皮亚诺。

学院还经常修正教育观念、教育计划和大纲，而艺术与工程技术的联合培养，组成了学院自己的教学模式。20世纪30年代中期，当И.В.若尔陀夫斯基成为学院的开创性领导时，完成了对古典教育遗产的继承与定位，且许多课程和毕业设计在О.佩雷和И.戈罗索娃的影响下用后结构主义风格完成了。

早在卫国战争初期（1941年），莫斯科建筑学院的教学活动就由战时任务和状况所决定。1941年10月学院被疏散到塔什干，后在1943年10月迁回莫斯科。战后高校的建筑学设计获得了巨大的成果，课程设计和毕业设计的选题增多了。20世纪50年代中期,教学大纲的方针大量强调,面向工业建设的建筑设计与实践相联系,工程技术学科的构造、经济项目都突出了其重要意义。20世纪60~70年代,课程设计具有了传统经验和工艺学的背景,创造性建筑设计成了教学的基础,探讨独特的思想和观念,其反映在莫斯科建筑学院年轻毕业生的创造性毕业设计上,被称做"纸上"建筑学。

到1988年,莫斯科建筑学院进行了教学大纲、教学方法、实践应用等新技术手段方面的改革。虽然教学大纲改变了,却继承借鉴了国内外有益的建筑教学体系。

莫斯科建筑学院学生的作品始终同社会的迫切需要密切相联,且有很高的学术水平和文化底蕴。

学院中始终有来自各国的学生,其中也有中国学生。

目前,莫斯科建筑学院的教学结构又新添了计算机中心和技术工具部,1989年学院建成了莫斯科建筑学院历史博物馆。

该学院于1994年被大不列颠皇家建筑师学会教育委员会(RIBA)承认。莫斯科建筑学院颁发的毕业证书,在英联邦国家中有效。同年,学院加入了国际建筑师协会UIA。

附:莫斯科建筑学院大事记

1749~1764年	Д.杜赫陀姆斯基王子创建莫斯科第一所建筑师学校。
1768~1786年	B.巴仁诺夫"模型"之家。
1786~1806年	克里姆林宫探索建筑学校。
1806~1831年	克里姆林宫建筑学校。
1831~1865年	莫斯科皇家建筑学校。
1865~1917年	美术、雕塑、建筑学校。
1918~1920年	第二自由艺术工作室。
1920年	列宁签署"关于组建高等艺术与技术创作工作室(ВХУТЕМАС)的决议"。
1920~1927年	高等艺术与技术创作工作室ВХУТЕМАС(VHUTEMAS)。
1927~1930年	"高等艺术与技术创作工作室"ВХУТЕМАС(VHUTEMAS)改建为高等艺术与技术学院ВХУТЕИН(VHTEIN)。
1930年	组建"高等建筑工程学院"。
1933年	组建"莫斯科建筑学院"(学院下设三个系:居住与公共建筑、工业建筑、城市规划)。
1938年	取消工业建筑系与城市规划系。
1941~1945年	苏联卫国战争。
1941年10月	学院被疏散到塔什干。
1943年10月	学院迁回莫斯科。
1948年	全苏20所高等建筑学院,使用统一教学计划。
1951年	建筑科学院第十次代表大会召开:确认具有广博业务知识是最合理的;学院设立三个专业:居住及公共建筑、工业建筑、城市规划。
1959年	第二次前全苏建筑工作会议上,高教部决定:增加技术课学时,一年级实施新教学法:白天在工地劳动,夜晚学习。当年莫斯科建筑学院有大学生1000名,毕业生105名。
1960~1970年	莫斯科建筑学院有四个系:制图与设计初步、居住及公共建筑、工业建筑、城市规划;毕业生每年近2000名。该院最终确立了艺术与技术紧密结合教学法的基本原则。专门化教学从三年级开始。三四五年级之后参加工地和设计院的实习课程。课程设计以功能为基础;实现了从古典主义到世界建筑现代潮流的转变。
1970~1983年	该院确立了培养建筑师要有广泛专业知识模式;实行两阶段教学安排:一至四年级为基础教育阶段,五年级开始专门化教学,学制五年半。设置的专业有:居住与公共建筑、工业建筑、城市规划、景观建筑学、村镇建筑、农村居住区的建筑与规划、室内设计、古建筑的修复与保护、建筑历史与建筑理论。实现了四年级部分毕业生观念的转变及学生在实际设计部门完成毕业设计的一部分工作。
1988年	教学大纲中教学方法改革强调,在建筑教学应用于实践中加强了新技术手段,在保持传统教学手段的同时,借鉴国外的学位经验,设立了建筑学硕士学位。
1989年	建成了莫斯科建筑学院博物馆。
1994年	英国皇家建筑师学会RIBA承认莫斯科建筑学院的毕业证书在英联邦国家中有效,莫斯科建筑学院同年加入国际建协UIA。
1995年	莫斯科建筑学院被命名为国立科学院。同年以莫斯科建筑学院为基础组建成欧洲建筑艺术中心,并得到了许多欧洲国家建筑师团体、欧洲建筑高校的广泛支持。

建筑师创造力与艺术素质的培养

韩林飞 博士

莫斯科建筑学院(МАрхИ)已有近百年的历史,最早可追溯到18世纪的沙皇时代。当时Д.杜赫陀姆斯基王子于1749年10月19日下令成立了第一所建筑师学校。该校校址几经迁移,最初坐落于克里姆林宫中,最后于1865年搬迁到现在的校址,即莫斯科市中心罗斯杰伊斯特温卡大街11号(Ул.Рождественка, д.11)。

该校前期曾沿袭巴黎美术学院的建筑学教育方式,注重古典建筑传统教育。20世纪初俄罗斯受到西欧工业化的强大冲击,传统学院派的建筑学教育亦面临严峻的挑战。1917年十月革命胜利后,该校的建筑学教育方向发生了根本转变,建筑开始转向新的时代,这主要归功于高等艺术与技术创作工作室(ВХУТЕМАС)的突出贡献,其建筑教学体系被认为是莫斯科建筑学院建筑学教育的始祖。

高等艺术与技术创作工作室(ВХУТЕМАС)致力于使建筑教育与现代工业化带来的各种现代工艺、现代工程技术相结合,突出建筑师的个性、创造力培养。其许多思想对以后的各种形体艺术、建筑设计及现代建筑运动,影响极为深远。

20世纪初的现代建筑运动,是几千年来世界建筑史上最壮观、最深刻、最彻底的一次大革命。它彻底改变了把建筑艺术视作封建帝王和贵族们的"巅峰性艺术"的传统。它把建筑艺术由为少数统治者服务的"狭义建筑"提高到为普通平民百姓服务的"广义建筑"上来,开创了现代建筑的"科学化"与"民主化"。当时的两个主要战场一个在西欧,一个在前苏联。在西欧以包豪斯(BAUHAUS)为首的建筑教育界云集了格罗皮乌斯、阿尔伯斯、莫霍利-纳吉、伊顿、科利及密斯·凡·德·罗等现代建筑巨匠。与之齐名的高等艺术与技术创作工作室(ВХУТЕМАС)则荟萃了法沃勒斯基、穆欣纳、康定斯基、维斯宁三兄弟、塔特林、美尔尼科夫、里西茨基、拉多夫斯基、克林斯基等天才艺术家。这两所学校成为当时最具独特思想、最能适应时代发展的艺术机构,影响了全球现代形体艺术、现代建筑艺术思潮。非常有趣的是,拉多夫斯基、克林斯基的许多作品与伊顿、阿尔伯斯、莫霍利-纳吉等的作品,具有许多惊人的相似之处。高等艺术与技术创作工作室(ВХУТЕМАС)与包豪斯(BAUHAUS)一个共同的基本观点就是将各种不同的画面艺术与大工业时代的产品进行系统的统一。他们都试图在大工业化的产品社会中探索空间形体设计的有效性,把建筑看做像飞机、轮船甚至刮胡刀一样的现代机器产品。

很遗憾,由于种种历史原因,我们对包豪斯(BAUHAUS)的了解要远远胜于对高等艺术与技术创作工作室(ВХУТЕМАС)的了解。在当前许多学者将目光投向五彩缤纷的西方世界的同时,许多人对我们东方近邻却表现得不屑一顾,甚至因苏联解体而蔑视它在建筑和城市规划中的成就。

历史终归是历史,平心静气地仔细研究各国在各个发展阶段的经验教训,寻根溯源地研究现代建筑学在各个国家的发展轨迹,这在当今建筑理论与建筑学教育界中是相当必要、而且是非常重要的。

在建筑学教育上,高等艺术与技术创作工作室(ВХУТЕМАС)非常关注建筑构成结构的最基本问题,而这种具有独特个性的思想、持久的对建筑构成的钟爱,正是高等艺术与技术创作工作室(ВХУТЕМАС)的专长且贯穿于教育的始终。一个建筑师也许终生致力于这种建筑构成的研究,建筑师作为一个艺术家的同时他的专业目的就是创造这种独特的个性空间造型模式。高等艺术与技术创作工作室(ВХУТЕМАС)认为空间构成设计由最基本的两个方面组成:一是空间形体构成的最基本理论——探索社会、文化、工程技术等问题的建筑表象;二是应用基本理论——分析特定的建筑空间结构、空间形体类型,并在空间形体构成过程中,将其在建筑及其细部上得到详细阐释。

高等艺术与技术创作工作室(ВХУТЕМАС)的这种以空间构成为主的现代建筑学教育体制在莫斯科建筑学院一直延续到1933年。1934年以后,由于前苏联政治方面的原因,强行干涉建筑发展的进程,斯大林开始推行复古主义建筑思潮,前苏联建筑界开始了长达近三十年的"斯大林主义"式建筑思潮,并且影响到建筑学教育领域。在1934~1962年,莫斯科建筑学院的建筑学教育停滞在以复古主义形式为表象的社会主义、现实主义建筑模式的探索中。在莫斯科建筑学院,高等艺术与技术创作工作室(ВХУТЕМАС)独创的教程几乎全部被抛弃,从1934年后,甚至在整个苏联,这种传统的革新式的教程几乎全部被专制者成功地"异形",高等艺术与技术创作工作室(ВХУТЕМАС)最初独特的教育方式与教育经验被彻底地放弃,取而代之的是一种新模式的探索。整个前苏联建筑学教育界,在此阶段陷入了以复古主义为模式,以突出政治为中心,以追求建筑的豪华性、纪念性、庄严性为目标的教育中。

尤其是1945年二战胜利后,在举国上下的一片喜庆气氛中,建筑被演绎为"纪念碑式"的角色。浮华之风盛行,仿古典主义的创作泛滥成灾。建筑追求豪华装饰和纪念性与庄严性。在莫斯科建筑学院、巴黎美术学院的传统式建筑学教育重新在教学中占有举足轻重的地位。这种非学术的导向,将学生对建筑学的认识转向纯艺术领域,形成了一种认为建筑等同于雕塑、绘画、音乐一样的纯艺术思潮,忽视了建筑的工程技术、社会、经济、人文等特点,在强调伟大时代热情的同时又无情地漠视时代的"真义"所在,建筑学教育由"广义建筑"又回到了"狭义艺术建筑"的历史中。

20世纪60年代,前苏联社会步入一个思想比较开放、言论相对活跃的"解冻"时期,1962年在科林斯基教授的大力倡导下,莫斯科建筑学院(МАрхИ)逐渐恢复了高等艺术与技术创作工作室(ВХУТЕМАС)的建筑学教育课程,其主要强调三个方面的基础教学——建筑绘画、空间形体的构成、建筑工程技术。学校逐渐形成了追求建立在社会、文化、经济、技术基础上的建筑空间形体构图的学术风气。注重学生基本功的训练,以及对建筑设计个性的创新。这一时期前苏联的建筑学教育也开始告别浮华浪费的复古主题,转向朴素、严谨的造型和对建筑的舒适性、经济性的追求,为建筑的工业化发展奠定了基础。创作和建筑学教育又回到它创立时期所确定的发展方向上。20世纪60年代以来,前苏联的建筑学教育与建筑创作摆脱了社会政治过多的干扰,逐渐走上了健康发展之路。在城镇规划、住宅建设、公共建筑、农村建筑、建筑工业化、古建筑的保护与更新、生活环境改善等各个方面取得了长足的进步。在这一时期,莫斯科建筑学院的教育也逐渐全面完善。为适应大工业的发展,学校相继成立了工业建筑系、农村建筑系以及居住建筑与公共建筑系等。建筑学教育关注的焦点也逐渐由突出纪念性、庄严感,追求豪华装饰的公共建筑转向大量关注结合工业化产品构件技术的居民住宅建造上来。开始考虑社会需求、经济效益等实际问题,并从城镇规划、建筑历史环境的保护与更新、居住生活环境的改善等方面对学生进行综合性教育。建筑学教育的路越来越宽了。

其相应的建筑学教育成果直接体现在十年后的20世纪七八十年代,特别到20世纪80年代,这是前苏联建筑创作的鼎盛时期。20世纪70年代末80年代前半期是前苏联社会主义建设发展的一个高潮期,此间前苏联政局稳定,人民生活安定,东西方对抗逐渐减缓,因此在这一时期,20世纪50年代末60年代初的"莫建"毕业生,在实际工作岗位上逐渐有突出的表现。20世纪80年代前苏联建筑在建筑形象的追求、民族性与地方性、古建筑保护与更新、建筑与自然环境及历史环境的适应性等方面成果显著。

20世纪90年代初苏联解体,整个社会政治经济生活陷入一片动荡中。建筑业以及建筑学教育界在这种日益严重的经济危机的困扰下,面临许多痛苦的考验,建筑学教育界尤为严重。以往的苏联教育界是政府大量投入的"宠儿",苏联解体后,经济危机首先波及教育界,教育经费在通货膨胀的巨大压力下锐减,许多年轻教师不得不离开自己所喜爱的教育工作。但即使在这种最困难的条件下,学校的大部分教职工,特别是许多老教授、老教师,凭着自己对教育工作的执著追求,仍顽强地工作着,依旧那样孜孜以求,诲人不倦,令许多在那里求学或访问的外国同行感动。

"莫建"除教育部等国家划拨的教育经费和全力保护政策外,主要靠招收外国留学生来补充教育工作所需部分经费。"莫建"传统的、具有独特性格的建筑学教育加上俄罗斯丰富的文化内涵,吸引了来自欧美、日本、韩国、泰国等许多国家的留学生。尤其是1994年秋,莫斯科建筑学院通过了长达半年之久的英国皇家建筑师协会RIBA的教育评比,之后"莫建"全面与国际接轨,其毕业文凭被RIBA英联邦国家承认。每年的外国留学生、短期培训生、进修生猛增,开创了其建筑学教育的新阶段。

进入20世纪80年代中期以后,莫斯科建筑学院推行与国际教育相接轨的教学体制——4+2式教学体制,即经四年的建筑基础学习后学生可以毕业,从事实际工作,也可以再进行两年的专业教育,获专业证书及硕士学位后再毕业。一般的俄国学生都是学完六年的全部功课后毕业的。1997年开始，经六年毕业的学生只能获得专业证书，再经一年的论文研修后方可获得硕士学位（外国学生例外）。

下面从五个方面介绍建筑学院的教学体制：

一、建筑学的学前教育与入学考试

莫斯科建筑学院不仅注重对在校大学生的建筑学教育，而且对学生的学前教育和中学生中普及建筑初步入门教育也非常重视。每年都有教授到中学生中讲学、辅导中学生学习建筑绘画、雕塑、设计入门、建筑历史等课程。

莫斯科市还有不同等级的中等建筑学校和艺术学校。在这些学校里，中学生接受系统的建筑学初步教育，培养对建筑学的兴趣，了解建筑师所从事的工作。这种在中学生中普及建筑学知识的教育不仅使中学生初步了解建筑学，提高民众的建筑学修养，而且对建筑学院的建筑学教育也非常有帮助，减少了中学生报考建筑学专业的某些盲目性，对学生全面认识了解建筑学也极有好处。

此外，每年建筑学院都开设入学考试辅导班，辅导中学生入学考试，提供他们最初的专业知识。

"莫建"每年招收200～300名新生，中学生在获得高中毕业文凭后都可参加入学考试，学校根据学生的入学考试成绩和高中毕业考试成绩来录取学生。考试科目主要有绘画、构图、画法几何、数学和文学。入学考试评委由该校的学术委员会组成，考试十分严格，对学生的绘画、构图能力和画法几何要求较高。

二、建筑学初步教育

通过入学考试后，大学生便开始了专业学习。"莫建"的最基本建筑学教育由三个主要阶段组成：第一阶段建筑学初步教育，这是在一二年级中进行的。这种建筑学初步教育是根据建筑设计的最基本要求而设置的，这一阶段的建筑学教育不仅要提高学生的专业建筑思想与对建筑学的初步认识，还要授予学生建筑构图的最基本原则。这些最基本的建筑构图原则就是被建筑师普遍接受的、能解决建筑专业构图的一些固定的基本原则。

这一阶段教学的三个重要元素为：①对古建筑精典作品的研究与绘图技法训练；②掌握空间形体构成的基本结构及基础原理；③对建筑设计的初步认识。

这一阶段的主要要求是让学生学会独立思考。学生的第一个建筑设计作品一定是他最原始想法的体现，一定要坚持自己的想法，即使很不成熟。反对随意模仿别种形式，在这时学生的最原始、最具个性的想法被教师用专业手段、专业语言谨慎保护下来。这对于建筑师创造力的培养是非常重要的。

三、建筑学基础教育

第二个阶段是建筑基础教学，是在三四年级进行的。在此阶段教学的主要目的就是通过教师精心制定的一些设计题目，让学生掌握最基础的建筑知识和专业技巧。学生在此阶段接受一系列由浅到深的、逐渐详细和严格的设计训练。题目由单一性的住宅、学校设计，过渡到设计一些比较严格、复杂的题目领域，如博物馆、剧场。这段教学的特点是比较自由和开放，重点仍旧是培养学生的创造性、设计个性及学生必要的建筑结构、构造知识，对经济的认识，对现代技术结构的理解及应用等。理论教学方面，学生所接受的建筑历史和建筑理论教育是全景式的，使学生对建筑构成的发展过程、对构成理论的过去与现在都有一个清楚的进一步的理解。理论教学的导向是让学生通过录像、幻灯、图片等资料，不仅了解经典建筑作品本身，更要了解其所处的社会、经济等不同条件，从一个特定的环境背景中分析这些经典作品、大师作品的实质，而不仅仅是模仿其造型手法、细部处理等技巧。这种"以我为主"式的理论教学更加坚定了学生对个性、对独创性的理解和追求。也避免了学生的盲目"追星"现象，使学生能够比较客观地认识一些建筑大师"杰作"的真正意义所在。

四、建筑学专业教育

第三阶段学生接受分工较为详细全面的专业训练，这是在最后两年的五六年级完成的，毕业设计也包括在此阶段。第二阶段的学习完成后，学生须根据自己四年来对建筑的理解、自己的兴趣，选择第三阶段详细的专业方向。这种选择是双向的，一般是学生将前四年的工作进行回顾、总结，整理成个人作品集，详细列举自己对所感兴趣专业的理解、自己的特长，并把作品集提交专业学术委员会，委员会的教授们根据每个学生的特点、专长，结合自己的研究项目把学生分到各个专业系中去。这些专业系主要为：城市规划系、居住建筑与公共建筑系、工业建筑系、村镇建筑系、景观建筑系、古建筑的修复与保护系、建筑历史与理论系等。

在专业训练阶段每个系都有自己单独的教程,学生根据自己所选的专业方向解决有关社会的建筑文化、构成艺术与经济方面的问题。其设计课的主要特点是由三至五名不同专业的教师同时辅导学生的设计,让学生在课程设计中与建筑工程、设备工程、教师相配合,这样学生专业阶段的课程设计具有较强的工程技术性、实际操作性。

最后的毕业设计是在各个系的指导下完成的。毕业设计答辩委员会包括职业建筑师、建筑技术工程师及学校的教授。通过毕业设计答辩后,学生便可获得建筑学专业证书。

1997年以来,俄罗斯学生需再经一年的研修,完成硕士论文后,方可获硕士学位。外国学生在六年后可直接申请建筑学硕士学位。

五、研究生教育

"莫建"的研究生教育主要指"副博士研究生"与"博士研究生"。"副博士研究生"主要用三年时间来完成。第一年主要进行建筑理论的学习,需通过专业课、哲学和外语的考试后才能进入第二学年的学习。第二年主要选一研究课题,在教授指导下阅读大量的专业资料,进行选题报告的审定,在专业学术委员会肯定后正式进入论文的写作阶段。论文初步完成后有一个相当严格的预答辩,评委不仅仅是该课题的研究专家,还有相应的一些其他研究领域的教授。预答辩主要对论文的框架结构、研究方法等进行评审,评审通过后再进行正式的论文答辩。预答辩经常有不合格者,须重新进行准备工作,再次申请预答辩,直到合格才能进行正式答辩。正式答辩通过后,研究生将被授予"建筑学副博士"学位。许多国家(包括中国),承认他们的"副博士"学位为"博士"学位。在英文件毕业证书上亦是"PH.D OF ARCHITECTURE"一词。

建筑历史与理论、城市规划等专业的副博士,经多年工作后积累了一定的实践经验,可选定一个研究课题攻读"博士"学位。这在俄罗斯(前苏联)都是非常难的。通常50岁左右才能获此"殊荣"——建筑科学博士。目前,在俄罗斯拥有此学位的人不过几十人,都是建筑界的顶尖人物。

以上概要介绍了"莫建"的建筑学教育,下面是笔者在"莫建"求学、研修期间与该校初步教育部主任И.阿尼西莫娃、基础教学部主任П.普鲁宁及专业教学部主任А.斯捷潘诺夫交谈时了解到的一些详细情况。

初步教学部主任И.阿尼西莫娃:
"莫建"的建筑学初步教育

阿尼西莫娃教授认为,"莫建"一二年级的建筑学初步教育,主要根据现代建筑设计的一些最本质的概念而制定。这些概念源于高等艺术与技术创作工作室(BXYTEMAC)的一些著名理论。高等艺术与技术创作工作室(BXYTEMAC)的两个重要专业教育原则为:① 建筑学教育的过程应参与到学生建筑设计作业的每一个阶段中去,首先解决一些小型建筑的设计问题,然后逐渐过渡到设计一些大型的较复杂的建筑。② 学生在进行建筑设计之前,应具有最基本的专业准备,以引导他进入专业领域,这就要培养学生基本构图技巧和设计必需的专业工程技术等方面的知识。这种入门教育的重要组成部分,就是通过模型构图练习来进行建筑造型的感悟和分析;注重建筑绘画、空间形体的构成、建筑学初步设计等三个基本问题的研究。

一二年级的学生应能准确地理解一个方案,能熟练地掌握画笔,当然他对现代建筑语言还不具备综合分析的能力。一二年级学生对建筑的直观感悟仅仅局限于他所居住的建筑环境,在许多情况下,他所居住的环境由于各种原因受到使用者和专家的批评。由于缺乏高质量的建筑作品,在现实与理想之间造成了"隔膜"。这种"隔膜"必须在一二年级进行结构性修补,以避免学生从外国建筑杂志上模仿或复制建筑作品的危险趋势。

在这一阶段的教育中,"莫建"要求学生具备良好的基本功和广博的知识。不提倡随意研究古典建筑,研究古典建筑要在彻底理解现代建筑和古典建筑的基础上进行,从初步教育阶段就强调这种教学,目的是要学生认识到建筑作品不仅仅是一张张图纸,而是基于社会、历史、建筑空间构成和建筑背景框架分析的一个综合体。

一二年级的学生,一般被分成18~20人的小组,每个小组有一位教授、二三位助手。教师一般通过徒手图的形式向学生提出问题,启发学生的空间形体想像,丰富学生的图解技巧。每个设计完成后都会有一次讨论,必要的、扩展性的设计分析是对学生设计思维的重要保护。

建筑学初步教育阶段有三个重要组成部分。第一是建筑绘画,主要在一年级完成。其目的就是培养学生的空间想像、空间构图和空间分析能力。学生通过渲染、墨线、模型测绘等现代与传统的手法来表达他们的构思。

建筑绘图的一个重要目的就是通过对古典建筑构图法则的研究使学生关注古典建筑的形体语言。18、19世纪的俄罗斯古建筑具有强烈的古典风格，这些知识可提高学生对建筑文脉的重视。许多建筑绘图作业是在几何制图学研究室完成的。第二是空间构成训练，主要在二年级完成。一系列的模型训练使学生对构成建筑空间的主要因素、基本法则有个初步认识。构图训练、绘图和三维空间构成的训练，是紧密联系的。第三是设计入门教学，主要在第二年进行。这种入门性的初步性设计必须基于社会、经济、技术的所有因素以及建筑系统的反作用力。正如沃尔特·格罗皮乌斯所说："重要的是教会学生思考的方法，而不仅仅是简单的教条。"这个阶段的设计一般是一个小型的简单功能的设计，但必须完成其前期的设计、环境、社会影响分析等，还必须接受建筑结构与材料技术教研室的咨询。

在初步设计中，"莫建"非常强调"模型"的作用，这源于高等艺术与技术创作工作室（BXYTEMAC）的传统教学方法，它使学生通过审视和应用最基本的构图想法，来实现设想的空间结构。这种模型不仅包括最基本的空间结构，而且也含有建筑本身及周围环境。

设计入门课程的题目，从部分小空间元素的组合，到多个小元素的区域空间组合，之后过渡到社会文化的结构领域，最后到居住单位的发展。这样的目的就是教会学生在各种不同的方案设计中使用构图的技巧。

如果一个学生仅仅面对现实社会的日常生活问题，那么他所设计的方案就会比较平庸，不能超越实际达到一个较高的水平，这样的方案就会失掉建筑学专业上的许多丰富的想像力个性，而与一个集中精力的具有前瞻远见的方案相比较，显然会失去许多有意趣的东西。

第一年后，学生进行一个古建筑测绘练习。学生经常选择一座被修复的古建筑的细部进行实测。在这种实践教学中，学生进一步巩固了以前的各种构图技巧。

完成第一阶段的学习后，学生能够较自如地表现他的设计思想，比如草图、细部设计、模型表达、设计前期分析、建筑结构类型的选择，以及标准化系统等。但最重要的是他应能独立思考，将自己独创性的思想与恰当的建筑构成手法、适当的建筑结构技巧妙地结合在一起。

基础教育部主任 Ⅱ.普鲁宁教授认为：

"莫建"的基础教育是在前两年初步教育的基础上进行的，它的培养目标就是为学生的专业建筑设计进行广泛的准备。

这一阶段教育的主要目标就是让学生掌握最基础的知识和技能，以适应建筑专业活动的需要，使学生能够完成各种不同功能的设计，而最大限度地选择自己所适合进行的建筑设计领域。

培养的主要目标为：

（1）使学生熟悉并掌握建筑设计的各项标准和原则，以便应用到设计中去。

（2）教会学生分析研究现有方案以及与他们工作相联系的设计方案。

（3）使学生掌握与城市规划、城市景观环境设计有关的设计原则。

（4）培养学生善于借鉴相关领域经验的能力，并将之应用到建筑设计中。

（5）培养学生自我创造性方法和思维，并能熟练地把它用模型及草图的形式表达出来。

课程设置：

每个学期学生完成2～3个设计方案，每个设计方案的题目基本上是固定的。每星期有两三天时间是用来教学设计的，设计题目的复杂程度每学期都在增加。总体上讲设计这些课程的目的，就是使学生最大限度地、在最大专业范围内掌握最基本的设计经验。像前两年一样，每学期都有一定的考试，以评价学生的独立工作能力。

教学研究的内容：

实践工作不仅仅局限于城市，而且也包括广大的农村地区。第三学年学生面临的许多设计题目是在自然环境优越的条件下进行的。每个学生应完成一个或多个单体的建筑设计，最后将这些方案汇集在一起，形成一个社区总体设计。这种社区总体设计题目给学生一次参加社区发展问题研究的机会，使学生初步积累相关的知识。

四年级的设计方案题目，主要是针对城市环境设计而进行的。这一阶段的教学研究与以前的教学是相反的，它是从设计一个居住区过渡到设计单体的住宅。这种设计方案可继续提高学生对环境的分析能力、对工程技术的理解与表达技巧。

学校鼓励学生参加国际大学生建筑设计竞赛，如果竞赛题目与教学计划相符可取代教学课程。

理论教学研究工作：

（1）为设计题目而专设的讲座，一般每个题目由2～4个讲座组成。

(2) 研究不同建筑的类型。

(3) 准备各类设计文件。

(4) 对设计方案题目的评论及完成设计后对方案的讨论。

学生非常愿意对他们的设计作品进行展示和讨论。这种理论联系实际教学法的目的就是考察学生对所涉及的建筑类型的理解能力、专业知识的掌握能力，以及学生对一些建筑设计规范、设计原理的认识，对俄罗斯与国外建筑体系结构以及建筑发展趋势的看法。

与其他研究领域的联系：

此阶段教学关注的另一个焦点就是与其他相关研究领域的联系。建筑设计与艺术工程技术等密切相关，理论教学的重要组成部分就是直接与建筑设计的实际相联系，这是建筑教学计划结构中一个重要组成部分。如四年级的住宅建筑设计，必须与经济、社会、工程技术以及建筑物理（采光、日照等）相结合。

更深层次的建筑设计方法的教学：

建筑学教学计划如同建筑学与其他学科紧密联系一样，它也应借鉴吸收其他相关学科的规律性理论，进行更深层次的建筑学教学。一方面使学生了解与建筑相关的社会、经济及技术原则，另一方面应使这些技术与艺术、经济、社会等原则在解决建筑设计问题的同时亦得到较恰当的结合。学生应既能分析建筑相关领域的问题，又能在独立的建筑思想的基础上找到解决这些问题的便捷途径，在建筑与其他相关领域中找到一种平衡点。

学生的这些能力是通过以下的教学加以培养的。

(1) 在完成建筑设计课的同时，接受社会、工程技术、经济、环境等学科专家的理论咨询。

(2) 完成必要的技术计算、技术报告等。

(3) 学生的设计方案中要求有：工程与结构图、细部大样等。

专业教学部主任 A. 斯捷拉诺夫认为：

"莫建"的初步教学和基础教学为专业教学提供了一个很好的知识背景，因为在以前的教学中，已涉及城市结构、工业建筑与城市规划等。前面广泛性的建筑设计训练，使学生较容易从居住与公共建筑等单体设计过渡到城市规划、工业化住宅等领域，这种相互联系、互相作用的教学方法也受到学生的欢迎。

专业教育提供给学生建筑设计领域的七项专业课程：城市规划、工业建筑设计、村镇建筑设计、古建筑的修复与保护、景观园林建筑、建筑历史与理论、居住与公共建筑设计。

城市规划专业的设计题目：一般是"10万居民的城市"、"大城市中心区的发展"等。

工业建筑设计专业的设计题目："科技公园"、"通用工业建筑设计"、"厂房的再利用"等。

村镇建筑设计专业主要研究题目："农场"、"农村住宅建筑"、"2000～3000年居民的村镇发展研究"等。

古建筑的修复与保护专业主要设计题目："莫斯科市中心区的历史街区的修复"。

景观园林建筑专业的主要设计题目："多功能的城市公园"、"历史景观建筑的分析研究"、"城镇环境中的景观园林设计"。

建筑历史与理论专业主要研究题目："生态建筑"、"历史建筑的价值"、"建筑装饰"等。

居住与公共建筑设计系的研究课题为："在历史环境中的居住综合体"、"莫斯科历史街区中的剧场建筑"等。

前四年的教育主要是提供给学生基础建筑理论及设计方法，最后两年的建筑学教育是要培养学生成为建筑设计领域某一方面的专业人才。

这种广泛的建筑学教育可以使学生在许多艺术领域发挥作用，如绘画、工艺设计、环境艺术、舞台美术、电影摄影等。建筑学教育界的信条应恪守：不能把学生培养成专业随员式的"人云亦云"者，而是把他们培养成独立的"个性创造者"。

对于学生来讲，此阶段最重要的是自己的毕业设计。毕业设计题目一般是由一个大的设计专家委员会、政府或某些大企业确定的。学生必须选择一位专业教授指导其毕业设计。

毕业设计的完成一般经过以下几个阶段：

第一阶段，首先是确定毕业设计题目，然后收集准备必要的资料，准备一份摘要式论文。此论文是学生对理论的综合分析，也是对与题目相关的理论及实践的分析。对于建筑历史与理论专业的学生来讲，摘要性论文特别重要，它要求学生必须对毕业设计课题所提出的问题作出相应准确的解释。这些论文一般大量列举历史资料、档案文献以及当前的建筑理论思潮等。

第二阶段，是摘要性论文的答辩。专业学术委员会对学生毕业课题的理解进行评审，提出一些研究方法和思路。

第三阶段，是草图设计阶段。这些草图需较详细地表现出学生的基本功及构图能力，以及学生对社会、经济、文化、生态环境、工程技术的理解。毕业设计草图通过学术委员会认可后，学生可进行正式的毕业设计图的绘制。

最后，是毕业设计答辩。国家级的答辩委员会主要由职业建筑师、结构工程师及建筑学院的教授组成。学生需向答辩委员会展示自己的独立工作成果，对建筑、艺术、构图技巧以及对经济、社会、文化、技术等的认识。对答辩委员会所提出的问题，学生应用现代城市及建筑的理论予以回答。

从整体上讲，毕业设计需包括以下三个主要层次：

(1) 城市设计层次，主要应从城市空间、环境角度考虑建筑设计。

(2) 工程技术层次，主要指对结构、声、光、热等建筑物理环境的处理。

(3) 建筑本身的处理手法，需体现出学生的"设计个性"。

答辩通过后，学生被授予建筑学专业证书。

从以上介绍中我们不难看出，"莫建"严整、系统的建筑学教育和在培养学生基本功、基础建筑理论及学生的创造力方面的优势，对我们启示颇多。

首先，建筑学的入学前教育。这一层次的工作在我国可能尚处于空白。在中学生中进行建筑学的普及教育非常必要。其一，可以提高中学生的建筑学修养，同时为提高广大群众的建筑学修养打下基础。其二，使部分有志于从事建筑师工作的学生得到必要的入门教育和初步的基本功训练，这样可避免投考建筑学专业的盲目性，减轻一二年级建筑教师的压力。其三，可使人才的个性得到发挥，真正做到人尽其才，充分发挥学生的兴趣、特长，这不仅是我国建筑学教育系统也是整个教育界需要仔细研究的课题。

第二，我国目前的高考制度不利于培养优秀的建筑师。每年有许多学生以优秀的理工科成绩进入建筑系学习，学校对其专业可塑性的了解仅仅是一张加试的徒手画，未免太简单了。新生对建筑师的工作，了解甚少，或一无所知者大有人在，而且有些学生的画是突击完成的，且缺乏扎实的美术功底，这样不仅加重了一二年级教师的负担，而且也使学生压力很大。建议：建筑类院校招生加试一些与专业有关的课程，以便全面考察了解学生对建筑学的认识及基础课的功底。

第三，对学生的创造性想像能力的培养方面。我们的学生普遍缺乏创造性、缺乏个性。这与教师对学生设计第一感觉的保护、引导与支持密切相关。"思路好像只有一条"，学生被领着走，甚至一个年级一个班的某一设计，从构思到图纸，展示给人以雷同的感觉。学生缺乏独立思考与解决问题的能力，许多学生仅仅认为个性特征就是简单模仿，复制外国建筑杂志的趋势大有普及之势。培养学生对外国作品社会经济背景、环境的分析能力，使学生不仅仅局限于对外国作品的某些建筑处理手法感兴趣，而且懂得这是建筑学教育的一个组成部分。但愿我们的建筑院校不要成为简单"制造建筑制图工具"的作坊，而应成为培养适应社会发展的创造者的基地。

第四，我国许多建筑院校的学生，对住宅建筑设计漠不关心，仅仅关心大型的、宏伟的公共建筑。这一点"莫建"与我们正好相反，学生对大量建造的住宅建筑设计非常关心，对各种不同类型住宅建筑的系统教学也非常关注。这不仅是学生的问题，我国许多建筑院校对住宅教学的关注程度也比较差。住宅作为与每个人生活密切相关的建筑，是大量建造的建筑，在我国这样一个发展中国家的地位十分重要，而且建筑师每年的工作中，住宅设计占大多数。研究住宅的社会性、经济性、舒适性以及工业化住宅建筑的特点，真正关心住户使用者，强调建筑的"科学化"与"民主化"，这些必须引起我国建筑院校和教育界的重视。

第五，对我国建筑理论界，理论导向的几点看法。我国改革开放以来，介绍引进了许多国外最新的建筑理论与思潮，"解构"、"符号学"、"现象学"、"类型学"，所谓的"灰空间"，甚至"大乘"、"小乘"，五花八门，曾在建筑院校的学生中"红极一时"。学生则以这理论那思潮为"时尚"，追求玄而又玄、空而又空的理论潮流，把对建筑学的理解局限禁锢于形式上，失去了建筑最本质的"功能"与"实用"，迷失了现代建筑的本质目标。学生由于学识的深浅不同，缺乏综合系统的分析能力，这可以理解。但我们的"理论家"，制定这些繁华盛世假表象的理论家，却令人费解。在建筑学教育中强调建筑的本质，探索研究建筑的社会、经济、文化、环境以及关联的"广义建筑学"，应得到推广。从时代、社会、经济、环境背景中系统而又客观地研究外国建筑，研究其本质内涵，真正地为我们的时代所用，应成为理论界的研究导向。理论界千万不可把令人晕头转向、自己也没搞懂的外国理论思潮"贩来"误导单纯的学生，将其引入"建筑的误区"。

第六，我国学生的工作量远远低于"莫建"学生的工作量。我国学生一般的作业量：594mm×841mm的一号图纸3~4张或稍多，很少有模型，注重渲染图。"莫建"学生的作业量一般为：1000mm×1000mm的图纸6~8张或更多，附带模型。而且从比例上讲，我国学生的立面一般为：1:200或1:100；"莫建"的学生非常强调立面比例，许多是1:50，由多张图纸拼成的大立面，非常详细地交待各种关系，细部处理较多，从图面比例及模型两方面对自己的构思交待得较清楚。我国的学生，老师都非常重视渲染图，但这种二维平面的东西可以把许多细部处理不善的地方巧妙地掩盖起来，不实在。建议多提倡学生动手做模型，从三维角度多思考研究建筑体以及其与周围环境的关系。

莫斯科建筑学院（МАрхИ）课程表（1~6年级）　　　　　表4-1

Subjecls 科目	Students' work volum 学生工作量			
	total 总数	Auditorium work 课堂教学量		individual work 学生独立完成的课时量
		lections & seminars	Turtorial work	
1	2	3	4	5
Distribution among terms 课程设置学期分配				
I. Architectural Designing & Introdution to Town Planning 建筑设计及建筑与城市规划理论				
1. Principles of Architectural Designing 建筑设计原理	968	478	140	350
2. Three-dimensional and Spatial Composition 形体－空间构成	208	140		68
3. Architectural Dessigng 建筑设计	1340	660	136	544
4. Social Principles of Architectural D 建筑设计的社会原则	24	24		
5. Ecological Principles of Architectural Designing 建筑设计的生态学原理	34	34		
6. Soviet and Modern Foreign Architecture 苏联及现代外国建筑	127	87		40
7. Introduction in Speciality 专业简介	24	24		
8. Architectural types of Buildings 建筑类型	34	34		
9. Principles of Town Planning Theory 城市规划理论原理	24	24		
10. Present-day Problems of Architecture and Town Rlanning 当今建筑与城市规划的问题	70	34		36
II. Humanitian and Social-political Subjects 人文及社会政策科目				
11. Political History 政治史	142	72		70
12. History and Theory of Economic Teaching 经济历史及理论	204	153		51
13. Philosofy 哲学	54	17	17	20
14. Aesthetics and Architecture 建筑与美学	128	68		60
15. Principles of Ethics. Science of Religion Principles 伦理学、信仰学	66	34		32
16. Sociology 社会学	226	126		100
17. Theory and History of the world and Domestic Cultures 人类文化艺术史	140	106		34
18. History of Fine Arts 艺术史	148	72		108
19. History of Architecture 建筑历史	108	68		40
20. History of Russian Architecture 俄罗斯建筑史	108	68		40

续表

21. History of Town Planning 城市规划史	108	68		35
22. Foreign Language 外语	220	140		80
Ⅲ. Engineering and Technical Subjects 工程技术科目				
23. Higher Mathematics 高等数学	72	36		36
24. Theory of Mechanics 机械原理	72	36		36
25. Resistance of Materials 材料学	128	68		60
26. Statics of Structures 结构力学	128	68		60
27. Respective and Shadow Projection 画法几何阴影透视	216	108	36	72
28. Architectural Structures 建筑结构	220	136		84
29. Steel Structures 建筑结构	64	34		30
30. Timber Structures 木结构	64	34		30
31. Reinforced Concrete Structures 钢混结构	108	68		40
32. Architectural Materials 建筑材料	106	88		18
33. Informatics 信息	208	138		70
34. Land Surveying 大地测量	56	36		20
35. Climatology 气候学	54	34		20
36. Science of Light and Lighing Engineering 照明学及照明工程	108	68		40
37. Acoustics 声学	44	24		20
38. Architectural Colouring 建筑色彩	54			
39. Enginccring Services and Traffic Engineering 交通工程设施	104	68		36
40. Engineering Equipment of Buildings 建设设备	104	68		36
41. Technology of Building Erection 建筑安装技术	136	68		68
42. Principles of Building and Designing Economics 建筑设计经济原理	102	68		34
43. Organiation of Designing and Building 建筑设计及施工组织	66	30	16	20
Ⅳ. Artistic Subjccl 艺术科目				
44. Free Hand Drawing 徒手画	760	416	136	208
45. Painting 绘画	340	102	102	136
46. Sculpture 雕塑	204	68	68	68
47. Phisical Training 人体绘画训练	474	474		
48. Civil Decfence 军体课	78	46	12	20
Ⅴ. Subjccls of Spccialiations 专业训练科目				
Specializations 专业训练科目	896	478	58	360
TOTAL 总数	9451	5427	757	3267

莫斯科建筑学院教学计划 表4-2

	入门训练		基础训练		专业训练		
	1年级	2年级	3年级	4年级	5年级	6年级	7年级
建筑设计 3333小时	建筑入门训练1098小时		建筑设计1008小时		建筑设计1008小时		建筑硕士学位论文
					构成分析96小时		
艺术造型 2156小时		绘画760小时					
	写生340小时		雕塑204小时				
			色彩 54小时				
人文课程 1752小时	艺术史 140小时	俄罗斯建筑史 108小时	建筑史 108小时	城市规划史 108小时			
工程技术课 2210小时			建筑结构1208小时				
					工程技术166小时		
	建筑学学士学位课程				职业建筑师专业课程		

1. ВХУТЕМАС-高等艺术与技术创作工作室。基础训练课"空间的课堂教学",20世纪20年代中期。

2、3. ВХУТЕМАС-高等艺术与技术创作工作室。"空间与旋律的组织",А.巴比切夫创作室20世纪20年代早期模型作品。

建筑师创造力的培养 27

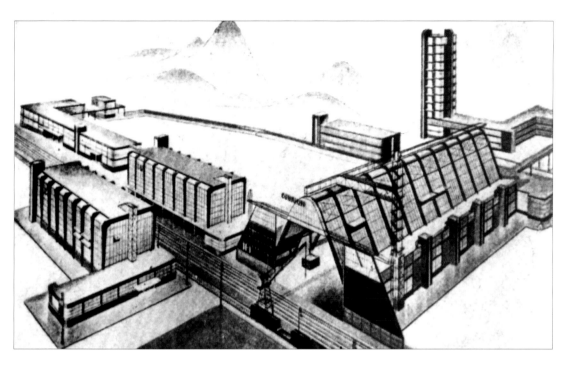

1. ВХУТЕМАС—高等艺术与技术创作工作室。黑海海滨的电影城设计。学生：A.热尔特斯曼，1927。

2. ВХУТЕМАС—高等艺术与技术创作工作室。毕业设计－工业贸易大厦设计方案。学生：A.塞尔琴科夫，H.拉多夫斯基教授创作室，1927。

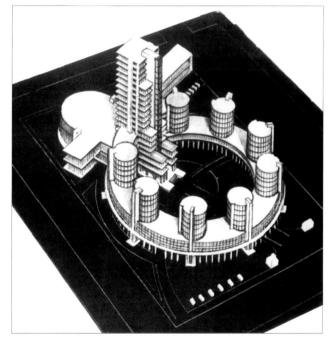

3. ВХУТЕМАС—高等艺术与技术创作工作室。毕业设计－莫斯科巴罗特拉娅广场上食品贸易中心方案A：学生：M.巴尔舍契，M.辛亚夫斯基，A.维斯宁教授创作室，1926。

4. ВХУТЕМАС—高等艺术与技术创作工作室。毕业设计－莫斯科巴罗特拉娅广场上食品贸易中心方案B：学生：M.巴尔舍契，M.辛亚夫斯基，A.维斯宁教授创作室，1926。

建筑师创造力与艺术素质的培养——历史的回顾

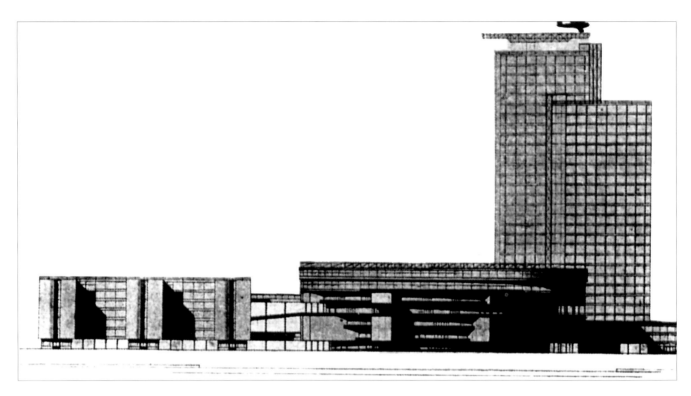

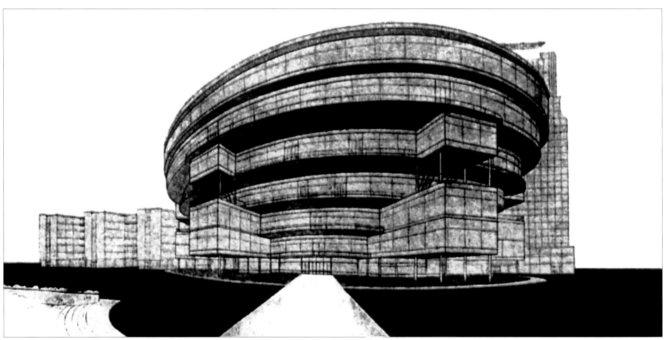

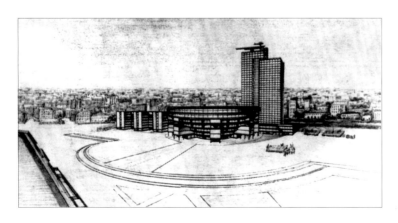

1~3. ВХУТЕМАС－高等艺术与技术创作工作室。毕业设计－莫斯科考明特恩大厦。学生：Е.卡玛诺娃，А.维斯宁教授创作室，1929；立面图，近景透视，远景透视。

建筑师创造力的培养　29

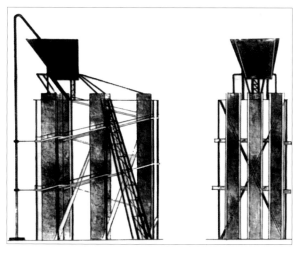

1	2
3	4

1~4. 建筑体的创作－形体与空间的组织(1922~1923)
指导教师：H.拉多夫斯基
作品1：学生：K.格鲁申科
作品2：学生：佚名
作品3：学生：A.阿拉肯
作品4：学生：佚名

建筑师创造力与艺术素质的培养——历史的回顾

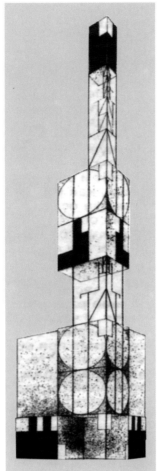

1~8.建筑形体构成训练体量与韵律的组织：H.拉多夫斯基创作室，1924年，
作者1：A.伊阿泽费维奇
作者3：A.谢勒琴科夫
作者4：B.波波夫
作者5：H.格鲁申科
作者6：B.拉夫罗夫(透视与立面)

1	2	3	4
5	6	7	8

9	10
11	12
13	14
15	16

9~16. BXyTEMAC－高等艺术与技术创作工作室。空间形体训练基础教程，两组或多组水平或竖直元素以韵律和节奏为基调组织建筑立面造型。

(见下页)

建筑师创造力的培养

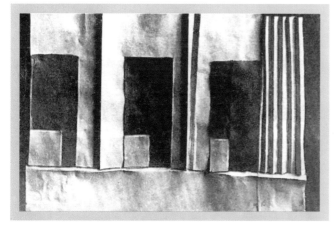
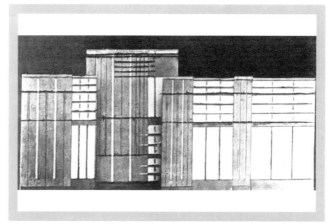

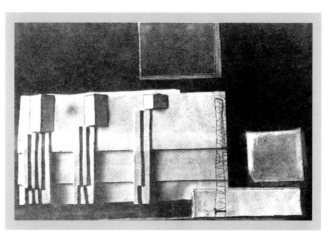
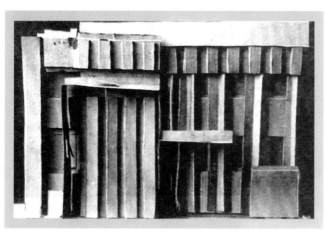
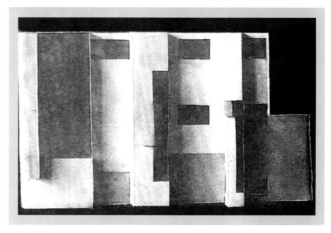

1~9. ВХУТЕМАС－高等艺术与技术创作工作室。空间形体训练基础教程：由平面造型向形体构成过渡，平面韵律与节奏的变化体现在简单的形体构成中。

1	2	3
4	5	6
7	8	9

建筑师创造力的培养

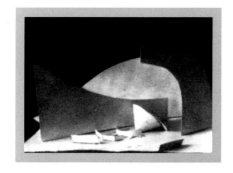  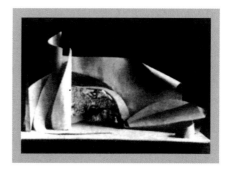
 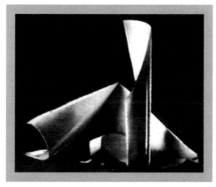 

1~14. ВХУТЕМАС－高等艺术与技术创作工作室。
空间形体训练基础教程：
"空间"——由"面"造型向"体"造型的延伸，三维空间构成的研究(20世纪20年代中后期学生的作品)。

  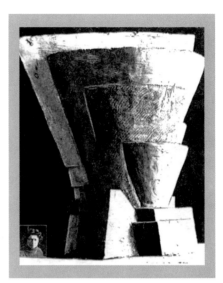

ВХУТЕМАС－高等艺术与技术创作工作室。空间形体训练基础教程：
1~6. "体"与"量"组织构筑空间形体造型。
7. 学生创作小组及形体构成作品，1927~1928年。

高等艺术与技术创作工作室,高等艺术与技术学院(BXYTEMAC),(BXYTEИH) 的教师与学生。

И.В.若尔托夫斯基（1867~1959年）

高等艺术与技术创作工作室（BXYTEMAC）——高等艺术与技术学院（BXYTEИН）著名教授
1889年毕业于彼得格勒艺术科学院

И.В.若尔托夫斯基是苏俄著名的建筑大师，新文艺复兴时期古典主义的领袖，著名的建筑教育家。1909年获科学院院士称号，其建筑思想对1910~1950年俄国及前苏联建筑的发展起了重要的作用。

其主要设计作品：塔拉索夫府邸（1910年），莫斯科改建规划设计，全俄农业与手工业展览会的总体规划方案及部分展馆设计（1923年），米兰国际展览会苏联馆（1925~1926年），莫斯科国家银行，拉乌什滨河路上的莫斯科国家电站综合体，马哈奇卡拉市的苏维埃大楼，第聂伯河水电站设计等。

其主要设计方案：新莫斯科总体规划（1918~1923年），苏维埃宫设计竞赛方案（1932~1958年），莫斯科世界文学研究所方案（1936年），塔甘诺勒剧院方案，卡鲁格广场设计，莫斯科联合会之家建筑设计方案。

建筑师创造力的培养

A.B.舒舍夫（1873~1949年）
高等艺术与技术创作工作室（BXYTEMAC）——高等艺术与技术学院（BXYTEИH）著名教授
1897年毕业于彼得格勒艺术科学院

A.B.舒舍夫是著名的"俄罗斯民族风格"建筑大师，俄罗斯古典主义大师，前苏联新古典主义建筑的著名领袖。

其主要设计作品：莫斯科喀山火车站(1911~1926年)，威尼斯国际展览会前苏联馆(1913~1914年)，莫斯科红场上的列宁墓(1924~1930年)，莫斯科饭店、第比利斯的马列学院(1933~1938年)，莫斯科瓦锐斯基大桥(1936~1938年)，塔什干歌剧巴蕾舞剧院(1938~1947年)，中央邮局大厦(1925年)，列宁图书馆(1928年)，前苏联科学院大楼设计(1935~1949年)，伊斯特拉、斯大林格勒、诺夫哥罗德市的改建规划与设计等。

高等艺术与技术创作工作室(BXYTEMAC)的著名建筑师

П.А.维斯宁（1880～1933年）
高等艺术与技术创作工作室（BXYTEMAC）——高等艺术与技术学院（BXYTEИH）著名教授
1909年毕业于彼得格勒艺术科学院

B.A.维斯宁（1882～1950年）
高等艺术与技术创作工作室（BXYTEMAC）——高等艺术与技术学院（BXYTEИH）著名教授
1912年毕业于彼得格勒土木建筑工程科学院

A.A.维斯宁（1883～1959年）
高等艺术与技术创作工作室（BXYTEMAC）——高等艺术与技术学院（BXYTEИH）著名教授
1912年毕业于彼得格勒土木建筑工程学院

维斯宁三兄弟是苏俄建筑史上著名的建筑师,在构成主义建筑创作中维斯宁兄弟发挥了重要的作用。三兄弟中长兄П.А.维斯宁擅长建筑平面布局及各种复杂功能的合理组织；老二B.A.维斯宁精于理性思维,头脑敏锐,对结构技术方面的构想有较深入的研究；老三A.А.维斯宁擅长造型、构图等方面的研究,是三兄弟中的佼佼者。兄弟三人各有所长,配合默契,共同创作、完成了许多优秀作品。A.A.维斯宁后来成为苏俄构成主义建筑运动的领袖。

维斯宁兄弟的主要设计作品：库兹涅佐夫城市公寓（1910年），莫斯科邮政局大楼（1911年），第聂伯河水电站（1929～1930年），莫斯科吉尔文化宫（1930～1937年）。

主要设计方案：劳动宫竞赛方案（1923年），中央邮局方案（1925年），列宁图书馆方案（1928年），苏维埃宫方案（1932年），列宁格勒真理报莫斯科分部竞赛方案（1924年）等。

维斯宁三兄弟还是构成主义创作联盟——现代建筑师协会的主要发起人与创建者。

A.A.维斯宁曾与金兹堡一起主办了著名的《现代建筑》杂志。

建筑师创造力的培养

В.Ф.克林斯基（1890~1971年）
高等艺术与技术创作工作室（BXYTEMAC）——高等艺术与技术学院（BXYTEИH）著名教授
1917年毕业于彼得格勒艺术科学院

  В.Ф.克林斯基是苏俄著名的前卫建筑师、教育家、格拉费卡艺术家，是新建筑师协会的中心人物。作为理性主义建筑的领袖人物之一，克林斯基为理性主义建筑创作观念的形成发挥了重要作用。

  1919年克林斯基与菲德曼共同完成了莫斯科殡仪馆设计，该方案获得竞赛大奖，从此开始了其建筑设计创新与探索之路。

  其主要设计作品：人民友谊大厦（1919年），公社大楼（1920年），讲台设计方案（1921年），巴黎国际博览会苏联馆（1923年），列宁人民之家（1924年），奥念碑（1929年），苏维埃宫竞赛方案。

  克林斯基还在建筑形体、空间、色彩，表现手法等方面进行了大量实践与探索。曾在高等艺术与技术创作工作室（BXYTEMAC）主讲"空间"课。此外，他总结出一套致力于发展学生空间想像力的实验教学方法。主要课程设计题目："形象与光影"、"色彩与形象"、"色彩与空间构成"、"形象与表现手法及照明条件"、"色彩与标准构件"、"色彩与构成"等。

  1934年出版了建筑学教育方面专著——《建筑空间构图的元素》。

高等艺术与技术创作工作室(BXYTEMAC)的著名建筑师

Н.А.拉多夫斯基（1881~1941年）
高等艺术与技术创作工作室（BXYTEMAC）——高等艺术与技术学院（BXYTEИH）著名教授
1917年毕业于莫斯科美术、雕塑、建筑学校

  Н.А.拉多夫斯基是苏俄前卫建筑理性主义流派的代表人物，是苏俄著名的前卫建筑师、规划师。

  其主要设计作品: 莫斯科"红门"地铁站(1935年)，巴黎国际博览会前苏联馆（1924年），莫斯科撒马莲斯卡雅商场（1926年），"绿城"规划设计（1930年），苏维埃宫竞赛方案（1932年），莫斯科特鲁博那娅广场改建（1836年）莫斯科工会联合会剧院（1932年）等。

  在城市规划方面的主要贡献为：1929年提出动态城市发展模式；在住宅建筑方面提出了"框架住宅的预制标准构件装配化施工法"并获前苏联的国家专利。作为建筑学教育家，他首先把形体分析方法引入建筑学教育中。

И.А.戈洛索夫（1883~1945年）
高等艺术与技术创作工作室（ВХУТЕМАС）——高等艺术与技术学院（ВХУТЕИН）著名教授
1906年毕业于斯壮戈诺夫斯基工艺美术学校
又于1912年毕业于莫斯科美术、雕塑、建筑学校

П.А.戈洛索夫（1882~1945年）
莫斯科建筑工程学院（МАСИ）教授
1906年毕业于斯壮戈洛夫斯基工艺美术学校
又于1912年毕业于莫斯科美术、雕塑、建筑学校

戈洛索夫兄弟是苏俄著名的前卫建筑师、建筑学教育家。

兄弟二人的主要设计作品：莫斯科祖耶夫俱乐部（1926年），工业科学院的职工住宅（1936年），莫斯科劳动宫设计竞赛，中央邮政局，电力银行大厦，莫斯科苏维埃宫，以及全俄农业、工艺与工业展览会部分展馆（1923年），莫斯科住宅设计（1930年），铁路工人俱乐部，莫斯科电影制片竞赛厂（1927年），广播大厦，莫斯科SNK第二大厦等。

高等艺术与技术创作工作室（BXYTEMAC）的著名建筑师

K.C.美尔尼科夫（1890～1974年）

高等艺术与技术创作工作室（BXYTEMAC）——高等艺术与技术学院（BXYTEИH）著名教授
1917年毕业于莫斯科美术、雕塑、建筑学校

K.C.美尔尼科夫是世界现代建筑史上屈指可数的著名建筑大师之一，他提出了建筑创作方面的许多新思路，许多建筑作品令人精神振奋，耳目一新。他对建筑发展方向的预见、许多闪光的思想至今仍启迪并鼓舞着我们。他认为，建筑是最复杂、最富有表现力的艺术形式之一，它能够反映艺术家对社会所感兴趣的主题。他说："对建筑师而言，没有非建筑的主题。"美尔尼科夫始终坚信建筑师的工作方法，而且正是这种方法（区别于科学研究的方法）能够在综合解决多方面的互相矛盾的问题时取得统一。美尔尼科夫认为，一个建筑师在掌握了与工艺相关要求之后，可以寻找出新的、尚未发现的潜能，这种潜能不仅能满足这些工艺要求，而且还可以进一步完善工艺本身。他的展览馆、车库、俱乐部、住宅及其他建筑都体现了这种思想。其一生设计了大量的建筑经典作品。

其主要设计作品：全俄农业与手工业展览会"马哈烟"展馆（1923年），莫斯科苏哈列夫卡摊贩市场（1923年），列宁墓（1924年），巴黎国际博览会前苏联馆（1925年），鲁萨科夫俱乐部，莫斯科"海燕"俱乐部，莫斯科橡胶厂俱乐部，莫斯科自由俱乐部，莫斯科国际旅行社车库（1934～1936年）以及自己的住宅。

其主要设计方案：1922～1923年为工人新村竞赛提供的方案，劳动宫（1923年）莫斯科"真理报"社分部（1924年），苏维埃宫（1958年），巴黎出租车库（1925年），哥伦布纪念碑（1929年），莫斯科重工业人民委员会大厦（1934年）等。

Г.П.巴尔欣（1880~1969年）
莫斯科建筑工程学院(МАСИ)教授
1908年毕业于彼得格勒艺术科学院

Г.П.巴尔欣是苏俄著名的建筑师,也是现代建筑的倡导者与忠实信徒。

其主要设计作品：莫斯科艺术博物馆的室内设计（1903~1911年），莫斯科近郊的尤索波夫王子墓地（1914年）。在П.克林指导下完成的莫斯科伊维斯蒂雅大厦（1917年），莫斯科重建北翼计划的主要设计人（1933~1937年），谢维斯多波尔城的重建规划及市中心设计（1944~1947年），人民宫的竞赛发起人（1924年），尹万诺娃的纺织厂（1926年），哈尔科夫的市中心邮局（1927年），新西伯利亚州立银行，夏尔克汽车工厂的训练中心（1929年），劳动宫（1932年），莫斯科《消息报》报馆（1925~1927年），农业展览馆总体规划及部分展馆的设计（1935年），莫斯科国际博览馆（1937年）。

高等艺术与技术创作工作室(BXYTEMAC)的著名建筑师

И.И.列奥尼多夫（1902～1959年）
1927年毕业于高等艺术与技术创作工作室（BXYTEMAC）
1930年前执教于高等艺术与技术学院（BXYTEИH）

　　И.И.列奥尼多夫是20世纪二三十年代前苏联著名的构成主义流派建筑大师。他一生坚持构成主义建筑的基本观点——追求现代技术的最高表现形式。他的许多作品中，结构构件与技术设施都充分地暴露在建筑外面，并且赋于新的表现形式。桥涵、飞机库、测温气球等都被充分利用，并作为"技术决定一切"的理想象征和精神化身。

　　他是一个理想主义者，他的设计超前，这不仅为建筑本身，而且为建筑工业的发展指明了方向。他的许多设计构想在20世纪七八十年后成为了现实，我们不得不叹服20世纪二三十年代前苏联构成主义建筑先驱者前卫思想的预见。

　　列奥尼多夫不仅是一位造诣精深的艺术大师，而且还是一名坚持原则，决不妥协的思想家和革新家。其主要设计作品：消息报印刷工厂（1926年），莫斯科列宁山上的"列宁图书馆学研究所（1927年）"阿拉木图政府大楼（1928年），莫斯科中央联盟大厦（1929年），哥伦布纪念碑（1929年），莫斯科电影制片厂竞赛（1927年），新型社会俱乐部（1928年），重工业大厦和统计学研究所竞赛（1929年），无产阶级区文化宫（1930年），马格尼托戈尔斯克规划竞赛（1930年）等。

М.Я.金兹堡（1892~1946年）
高等艺术与技术学院（BXУTEИH） 莫斯科高等技术学校（MBTУ）教授
1914年毕业于米兰艺术科学院，1917年毕业于里加综合技术学院土木建筑系

М.Я.金兹堡是前苏联前卫派构成主义建筑的首席理论家，著名的建筑理论学者、作家、建筑师。他一生中完成的建筑作品虽然不多，但其每一个作品都饱含着新思想、新创意。他的理论著述、闪光的创新思想影响了整整一代构成主义新人，并激励着他们探索社会主义新建筑风格。

其主要设计作品：叶夫帕托里亚府邸(1917年)，莫斯科纺织者大厦(1925年)，工业大厦金属联盟，(1926年)，俄德贸易中心(1927年)，马哈奇卡拉的苏里大厦(1926年)，阿拉木图政府办公楼(1928年)、工人住宅(1926年)，"绿色城市"竞赛方案(1930年，与巴尔什合作，苏维埃宫竞赛(1928年)，《消息报》报馆竞赛(1926年)，文化信息公园(1930年)，巴黎世界博览会苏联馆(1930年)，基斯洛沃茨克的重工业人民委员会疗养院(1931年)。

其主要理论著作：《建筑的韵律》、《风格与时代》、《五年在住房问题上的实践》、《住宅》。1923~1925年任莫斯科建筑师协会《建筑》杂志主编，其一生的主要成就是工业建筑住宅标准化与定型化等领域的突出贡献以及大量的住宅规划设计实践。

高等艺术与技术创作工作室(BXYTEMAC)的著名建筑师

M.O.巴尔什（1904～1976年）
高等艺术与技术学院（BXYTEИH）副教授　莫斯科建筑学院（MApxИ）教授
1926年毕业于高等艺术与技术创作工作室

M.O.巴尔什是前苏联著名的建筑师。

其主要设计作品：莫斯科天文馆（与M.辛雅夫斯基合作1927～1928年），明斯克列宁大街规划设计（与M.巴茹斯尼科夫合作，1948～1953年），莫斯科纪念征服太空的方尖石塔设计（1964年），卡鲁卡区吉少尔科夫斯基纪念碑（1967年），莫斯科巴鲁特广场中心商场设计（1926年），交流中心设计方案竞赛（1929年），"绿城"规划与设计（1930年）。

M.И.辛雅夫斯基(1895～1979年)
高等艺术与技术学院（BXYTEИH）副教授　莫斯科建筑学院（MApxИ）教授
1926年毕业于高等艺术与技术创作工作室

M.И.辛雅夫斯基是前苏联著名的建筑师、建筑教育家。

其主要设计作品：高尔基大街上的住宅(1939年)、高尔基防洪大坝（1954年），沃尔比耶夫高速公路（1956年），罗马尼亚大使馆（1955～1960年），高尔基城的苏维埃城市总体规划与设计（1930年），莫斯科康定尼夫、冈切尔那娅大坝（1932年），阿昌戈尔斯克的文化宫（1934年）。

建筑师创造力的培养 47

C.E.切尔尼舍夫(1881~1963年)
高等艺术与技术创作工作室（BXYTEMAC）高等艺术与技术学院（BXYTEИH）教授
1901年毕业于莫斯科美术、雕塑与建筑学院，1907年毕业于彼得格勒艺术科学院

C.E.切尔尼舍夫是苏联著名的建筑师、城市规划师、建筑理论与教育家。

其主要设计作品：莫斯科郊区戈尔温奇地产改建（1915年），阿布锐科索夫私邸（1913~1916年），马列主义学院建筑（1926~1927年），莫斯科展览大厅建筑改建（1926年）某电站列宁纪念碑（1927年），莫斯科重建总体规划（与B.谢苗诺夫合作，1935年），全苏农业展览会总建筑师（1939年），莫斯科大学主楼（与Γ.鲁德涅夫合作1949~1953年），莫斯科维尔纳德斯基学院（1949年），莫斯科汽车与公路学院（与A.阿尔克哈诺夫合作，20世纪50年代），莫斯科哈默温切夫斯基街区规划设计（1923年），工人新区住宅设计竞赛（1922~1923年）全苏农业宇航、工业展览馆（1922年），莫斯科的阿尔科其斯联合储运公司建筑群（1930年），以列宁命名的人民宫（1930年），马格尼托格斯克中心（1930年），莫斯科新阿尔巴特大街远景规划设计（1940年）。

等艺术与技术创作工作室（BXYTEMAC）的著名建筑师

B.H.谢苗诺夫（1874～1960年）

高等艺术与技术创作工作室（BXYTEMAC）高等艺术与技术学院（BXYTEИH）教授
1898年毕业于彼得格勒土木建筑工程学院

B.И.谢苗诺夫是前苏联著名的建筑师、城市规划、建筑学者与建筑教育家。一生完成了大量建筑设计、城市规划实践。

主要设计作品：莫斯科普诺罗沃夫斯卡娅火车站域详细发展规划(1913年)，住宅区规划(1924～1925)，阿斯特拉罕、弗拉基米尔、明斯克城市总体规划计(1925～1927年)，马格尼托哥尔斯克总体规划设计竞赛(主要设计人，1930年)，斯大林格勒住区发展规划(设计负责人1929～1931年)，莫斯科重建规划设计（与C.切尔尼雪夫合作，1935年）。1944年～1946年，他作为总规划师，规划设计了巴尔及克尔斯克、耶欣斯吉、戈斯诺瓦斯克、麦列兹诺夫斯克城的总体城市发展规划；1949年还主持规划设计了莫斯科市中心的重建规划。

1912年完成了《城市环境发展》个人专著。

建筑师创造力的培养

Г.П.戈里茨（1893～1946年）
莫斯科土木工程学院（МИСИ） 莫斯科建筑学院（МАрхИ）教授
1922年毕业于高等艺术与技术创作工作室（ВХУТЕМАС）

Г.П.戈里茨是苏联著名的建筑师，他创作了大量工业与民用建筑。

主要设计作品：新西伯利亚、明斯克、雅拉斯拉夫家银行建筑（1925～1928年），伊万梯夫克纺织工[厂]（1929年），基辅水电站锅炉房（1929年），莫斯科[]制品工厂（1933～1944年），大瓦斯基斯卡大桥[193]6～1938年），雅吾兹河水闸（1938～1939年），莫斯卡鲁麦斯卡娅街住宅区（1939～1940年）。

参加的竞赛如下：普诺列达尔斯克城的文化宫与高尔基城的社会主义新区规划设计竞赛（1930年），苏维埃宫竞赛（1930年），高尔基文化公园中心（1933年），莫斯科梅亚尔霍德剧院竞赛（1930年），VTSSPS剧院（1933年），卡梅尔尼剧院与斯坦尼斯拉夫斯基院（1943年），SNK大厦设计竞赛，斯大林格勒中心区规划设计（1934年），基辅中心街区的改建（1944年）弗拉基米尔政府办公楼（1945年）。

高等艺术与技术创作工作室（BXYTEMAC）的著名建筑师

М.Л.巴鲁斯尼科夫（1893～1968年）
莫斯科建筑学院（MApxИ）教授
1924年毕业于高等艺术与技术创作工作室（BXYTEMAC）

М.Л.巴鲁斯尼科是前苏联著名的建筑师、建筑教育家。在俄罗斯首都、明斯克完成了许多建筑设计。

其主要设计作品：明斯克国家银行（1927年），明斯克列宁大街的发展规划（1948～1953年），明斯克市中心改建规划（1946年）。此外还与Г.П.戈里茨合作，完成了基辅水电站锅炉房（1929～1930年）、普诺列达尔斯克城的文化宫（1936年）、苏维埃宫的设计竞赛（20世纪30年代）。还有莫斯科MOPS剧院（1950年），巴林斯克城规划设计及发展计划（20世纪60年代）。

И.Н.苏波列夫（1903～1971年）
莫斯科建筑学院（MApxИ）教授
1926年毕业于高等艺术与技术创作工作室（BXYTEMAC）

И.Н.苏波列夫是前苏联著名的建筑师。其一生设计了大量的公共居住建筑，是前苏联人民建筑师。

其主要设计作品：莫斯科全俄农业、宇航、工业展览建筑中蓬结构展馆设计（1923年），莫斯科格鲁吉亚大街居住建筑群（20世纪30年代），莫斯科若干科学研究所（1927～1928年），雅拉斯拉夫的居住区（与М.巴鲁斯尼科夫合作，1939年），克拉斯达尔城总体规划设计（1945年），莫斯科高尔基大街居住建筑群，（1945～1950年），公共住宅区交流中心规划设计（1927年），莫斯科文化休息公园的景园建筑（20世纪50年代），鲁比利诺居住建筑群（20世纪60年代）。

建 筑 师 创 造 力 的 培 养

И.С.尼古拉耶夫（1901~1979年）
莫斯科高等工程学院　莫斯科高等工程与建筑学院
莫斯科建筑学院（МАрхИ）教授
1925年毕业于莫斯科高等工程学院

　　И.С.尼古拉耶夫是前苏联著名的人民建筑师。他在一生的建筑实践中，完成了大量工业与民用建筑设计作品，其中工业建筑作品多次荣获前苏联政府建筑设计奖。

　　主要设计作品：弗格纳山谷纺织工厂(1976年)，卡西莫夫、巴斯科夫等地的亚麻联营企业（与А.弗辛科合作1927~1929年），TSAGIA大厦（1925~1930年），伊万诺夫的红色海燕工厂（1928~1929年），全苏电力学院(1927~1929年)，莫斯科学生交流中心(1929~1930年)，土耳其纺织联营企业（1932~1935年），莫斯科"华沙饭店"（主设计者），古比雪夫水电站（1938年），斯大林格勒牵引机车工厂（1943~1944年），索契的流水线包装工厂（1950年），布鲁塞尔国际博览会苏联馆（1958年）。

　　其主要著作：《植物与城镇》(1937年)，《建筑的宇宙史》2卷（1948年）。《工业建筑及结构设计》教科书（1964年），《城镇中的工业建筑》(1965年)，《俄罗斯古建筑的创造性》(1978年)。

　　1984年出版了遗作《建筑专业》。

高等艺术与技术创作工作室(BXYTEMAC)的著名建筑师

A.K.布洛夫（1900~1957年）
莫斯科建筑学院（MApxИ）教授
1925年毕业于高等艺术与技术创作工作室（BXYTEMAC）

A.K.布洛夫是前苏联著名的建筑师，他一生完成了大量工业与民用建筑的设计与实践，荣获前苏联人民建筑师光荣称号。

其主要设计作品：基铺水电站锅炉房设计（与T.戈里茨合作1927~1929年）高尔基大街住宅区Ⅰ期与Ⅱ期工程（与B.法沃斯基合作，1935~1950年），历史博物馆展览大厅方案设计（1937年），建筑中心的设计（1938~1941年），巴鲁里卡街居住区，波尔茨科卡斯基的堤坝、列宁格勒大街的居住区设计（与B.巴尔欣合作，1939~1941年），莫斯科市中心的换车站（1925年），伊万诺夫的工人住宅区（与M.巴鲁斯尼科夫合作，1926年），工厂联合俱乐部设计（1929年），矿业学校的学生宿舍群（1930年），莫斯科某话剧院（与A.弗拉索夫合作，1933年），农村聚落镇住宅区设计（1938年），雅尔诺市中心的改建（1943~1945年）。

个人专著：《关于建筑》（1960年

A.C.菲辛科(1902~1982年)
莫斯科高等科学院 军事工程科学院
莫斯科建筑学院（MApxИ）教授
1925年毕业于莫斯科高等工程学院

　　A.C.菲辛科是前苏联人民建筑师，他的设计作品形体简洁明快、构图大方得体，是前苏联现代建筑师的杰出代表。

　　其主要设计作品：TSAGI建筑及图书馆（1925~1930年），莫斯科联盟电力学院（1927~1929年），切里雅宾斯克的牵引机工厂（1929~1933年），莫斯科吉尔工厂的总体规划与厂房设计（1934年），高尔基城汽车工厂的改建与扩建（1936~1939年），新TSAGI建筑综合体（1936~1939年），古比雪夫水电站（1939~1941年），瓦斯坦尼娅广场的高层建筑设计竞赛（1947年），国际博览会（1961年），莫斯科列宁博物馆（1971年）。

　　此外，他还是一位著名的建筑教育家、多产的学者。其主要著作：《建筑设计师手册—工业建筑》主编（1935年），《苏联工业建筑发展的若干阶段》（1949年），《战后重建中的工业建筑》（1950年），1964、1973、1984年曾三次参与编写《工业建筑设计》教科书。

等艺术与技术创作工作室(ВХУТЕМАС)的著名建筑师

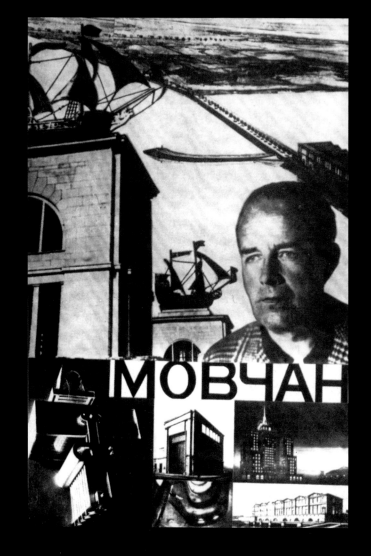

В.Я.莫弗昌（1899~1972年）
莫斯科建筑学院（МАрхИ）教授
1925年毕业于莫斯科高等工程学院

В.Я.莫弗昌是前苏联著名的工业建筑设计师，一完成了大量工业建筑的设计与实践。

其主要设计作品：全苏电力学院的教学建筑群及图馆（1927~1929年），电厂建筑（1929年），氮气工（1930年），莫斯科广播站（1930年），莫斯科投影厂住宅区（1938年），莫斯科运河上的水电站（1934~1936年），吉米洛夫河港（1937年）、水电站（1938~1950年）。

另外，还主持设计了许多学校、水电站工程：伊万诺夫的高等艺术学院（1930年），瓦龙涅什的电灯工厂（1931年），标准多层建筑（1945~1946年），莫斯科国际展览馆（1954年）。

建筑师创造力的培养　55

Г.А.谢莫诺夫（1893～1974年）
莫斯科建筑学院（МАрхИ）教授
1920年毕业于彼得格勒土木工程学院

Г.А.谢莫诺夫的主要设计作品：特科托那娅街发展规划（1925～1927年），特卡奇大街学院建筑（1928～1929年），革命前政治犯的住宅设计（1931～1933年），莫斯科高速公路发展计划（1936～1941年），列宁格勒交流中心（1930年），莫斯科的技术宫（1933年），喀山苏维埃政府办公大楼（1934年），SNK建筑（1940年），莫斯科国际展览馆（1961年）。

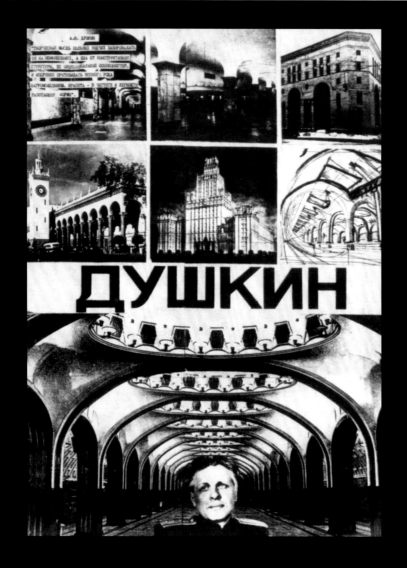

А.Н.杜什金（1904~1977年）

莫斯科建筑学院（МАрхИ）教授
1930年毕业于哈尔科夫综合技术学院

  А.Н.杜什金的主要设计作品：汽车与公路学院（1932年），"卡拉波特金斯卡娅"、"革命广场"、"马雅科夫斯基"、"汽车工厂"、"新斯拉波特斯卡娅"地铁站（主要设计者，1935~1951年），莫斯科河上新阿尔巴特桥（1950年），红门附近的多层建筑（1950年），第聂伯河、索契等五座火车站（1950年），莫斯科"儿童世界"商城（1956年）。其主要设计方案：苏维埃宫（1932年），STO建筑（1933年），广播站（1936年），马列学院（1934年），莫斯科赛维尔多夫广场学术电影院（1934年），莫斯科艺术中心（1936年）等。

建筑师创造力的培养

А.В.布宁（1905～1977年）
莫斯科建筑学院（МАрхИ）教授
1930年毕业于高等艺术与技术学院（ВХУТЕИН）

А.В.布宁是前苏联著名的建筑学者、教育家、多产作家。

其主要设计作品：莫斯科天文馆（1926年），旅游区宾馆（1928年），哥伦布纪念碑竞赛方案（1929年），哈萨克斯坦某街区的实验性设计（1930年），抛物线形建筑试验（1929年），哈尔科夫的大众剧院竞赛设计方案（1930年），莫斯科的某广场设计（1931年），莫斯科重建总体规划设计（1935年）。

其主要学术著作：《城市总体构图中的建筑复兴之路》（1935年），《城市建筑构图》（1940年），《城市规划》（1945年），《城市规划艺术史》卷Ⅰ（1953年）、卷Ⅱ（1979年）。

Н.И.勃鲁诺夫（1898～1971年）
莫斯科建筑学院（МАрхИ）教授
1920年毕业于莫斯科工程技术学院

Н.И.勃鲁诺夫是前苏联著名的建筑学者、建筑教育家。

其主要专著：《建筑历史片段》（1935年），《图画建筑史》（1935～1937年共2卷），《希腊》（1936年），《建筑风格图册》（1937年），《罗马：巴洛克建筑》（1937年），《17～18世纪的法国宫殿》（1938年），《莫斯科克里姆林宫》（1944年，1948年）等。

他还出版了大量关于俄罗斯建筑史学研究的专著，并主编了《建筑史》2卷（1944～1948年），《白俄罗斯建筑史》（1956年）。

等艺术与技术创作工作室(BXyTEMAC)的著名建筑师

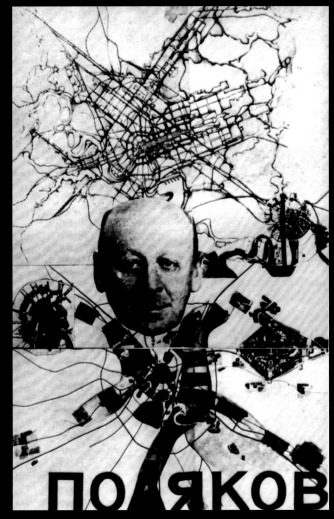

Н.К.巴利雅科夫（1898～1969年）
莫斯科建筑学院（МАрхИ）教授
1929年毕业于莫斯科工程学院

H.K.巴利雅科夫是前苏联著名的城市规划专家，一生完成了大量城市设计与实践。

主要设计作品：雅拉斯拉夫的住宅区(1927年)，新伯利亚总体规划及市中心区（1930年），莫斯科地铁局及雅拉斯拉夫电站，莫斯科共青团广场的西南区(1930～1935年)，奥林布拉格（1938年），斯大林格勒城市总体规划及市中心区规划设计（1945年），莫斯科的卫星城规划设计等。

其主要著作：《建筑师手册：城市规划卷》（共2卷 1946年），《城市规划原理》(1965年)。

建筑师创造力的培养

С.П.图勒格涅夫（1902~1975 年）
莫斯科建筑学院（МАрхИ）教授
1926 年毕业于莫斯科高等工程学院

　　С.П.图勒格涅夫是前苏联著名的建筑师、建筑学育家。他的建筑设计作品追求现代建筑语言，简洁明地表达时代与技术的特征。

　　主要设计作品：苏维埃之家（1931年），"迪那摩"乐部（1933年）换车站，住宅区（1930年），标准的层住宅（1933年），标准的幼稚园与住区中心（1937），莫斯科街区的联接（1940年），莫斯科第四区的住群（1940~1950年），

　　他一生完成了大量标准化住宅区规划设计，其中著名的是新西伯利亚、库兹巴斯、撒拉托夫等城市的住宅区，莫斯科新切邀姆斯基第九住宅区等。其为前苏联住宅区、标准住宅设计作出了巨大贡献。此外，他还设计了莫斯科西南区的发展规划（1958年），及莫斯科许多街区的规划。其住宅规划设计曾参加了布鲁塞尔国际博览会。

　　其主要学术专著有：《居住建筑设计》（1964年）

高等艺术与技术创作工作室(BXYTEMAC)的著名建筑师

A.B.弗拉索夫（1900~1962年）
莫斯科建筑学院（МАрхИ）教授
1928年毕业于莫斯科高等工程学院

　　A.B.弗拉索夫是前苏联著名的建筑师，一生完成了许多大型项目的建筑设计。

　　其主要设计作品：伊万诺夫剧院（1931~1933年），莫斯科克里木桥（1934年），高尔基公园（1936~1939年），VTSSPS建筑（1938~1958年），列宁体育场（1952~1954年），基辅中心发展计划与详细设计（1946~1947年），基辅苏联科学院的水域公园及植物园（1945~1963年），哈尔科夫剧院（1930年），新西伯利亚规划(1934年)，第比利斯的马列学院(1934年)，苏维埃宫竞赛(1932年)，莫斯科国际博览馆(1961年)

建筑师创造力的培养 | 61

Б.С.米兹尼佐夫（1911~1970年）
莫斯科建筑学院（МАрхИ）教授
1935年毕业于莫斯科建筑学院

Б.С.米兹尼佐夫是前苏联人民建筑师，其一生进行了许多公共建筑的实践。

其主要设计作品：哈尔科夫、撒马连斯克、维特博斯克、瓦龙涅什、高尔基城等火车站设计（1945~1949年），红门附近的多层住宅设计（1951年），苏维埃广场、米尔大街、伏龙芝大道等街区的住宅群（1945~1953年），彼得罗夫街38号的广告大厦（1952~1959年），莫斯科西南区的住区发展规划（1954~1961年），列宁广场的总体规划，塔什干的议会大厦（1965~1968年），列宁纪念中心（1964~1970年）等。

高等艺术与技术创作工作室（BXYTEMAC）的著名建筑师

M.C.图波列夫（1903～1975年）
莫斯科建筑学院（MApxИ）教授
1929年毕业于高等艺术与技术学院（BXYTEИH）

M.C.图波列夫是前苏联著名的建筑构造专家、结构专家。

其主要设计作品：工业与民用建筑的圆形屋顶（1942～1944年），全苏农展馆用预制木格法完成的圆顶（1954年），莫斯科某冶炼厂的圆形预制屋顶（1959年），预制弧形、圆形顶的民用建筑应用。

其主要著作：《建筑与跨度结构》（1939年），《公共与居住建筑的平屋顶》（1952年），《预制混凝土屋顶构造》（1956年）。

A.A.波波夫（1927～1972年）
莫斯科建筑学院（MApxИ）助教
1951年毕业于莫斯科建筑学院

A.A.波波夫是前苏联著名的建筑结构专家，他的建筑设计特点为：大跨度骨架结构体系广泛用于大跨度的建筑空间中。其先后为索契冶金工厂完成了圆形屋顶结构、圆柱形壳体结构（1960年），图拉的剧院大跨度骨架屋顶的设计（1970年）。他还是"莫建体系"穿跃式金属结构的主要发明者，折叠结构塔的设计者。

主要学术著作：《工业建筑的结构》（教科书，1972年），《公共建筑的结构》（1973年）。其一生中撰写了大量的建筑结构与构造的学术论文。

建筑学高等教育体系中的中学建筑奥林匹克竞赛模式

H.H.安尼西莫娃 教授

莫斯科建筑学院在最近20年，每年举行9~11年级中学生建筑竞赛，其目的是加深中学生对建筑空间概念的理解，而教师的影响起着主导作用，而建筑中学的教育，很大程度上减轻了高校生入学专业绘画考试时，构图考试的压力，提高了一年级新生的建筑基本功的素质。

中学生命题竞赛作业，像自由创作竞赛一样效仿高校一年级，使未来大学生形成建筑常规语言的概念，其中象征和隐喻是最重要的概念。前一阶段，一个比较重要的作业之一是，以"大灾难"为命题，完成当年在亚美尼亚大地震制图，使所有参加者感到身临其境。我们发现，中学生很容易进入建筑常规世界。从那时起，他们完成了许多工作，其中包括未来学。它允许对概念思维萌芽的评价，并借助图纸、绘画、模型，表达自己的想法。这类题目通常为："对立"、"边界线"、"我生活在21世纪"等。

用模型更有效地完成竞赛作业是受预科班阶段获得的经验影响。1997年的题目为："3000年的大厦"。优秀的作业展现出中学生可以把建筑同历史文脉、自然环境、民族性和生态问题以及所有人类文明进化问题联系起来。

专家组成的评委会选拔优秀设计作品，其作者则可从入学构图考试中解脱出来，可以免试建筑高考中的构图课目，这为有天赋的孩子们铺平了进入高校的道路。

竞赛方法不仅是准备入学考试的有效形式，也从另一方面展示了那些并非在传统考试过程中所能表现出来的天分，这对于人才的发现与培养不仅必要而且非常重要。

1998年奥林匹克中学建筑竞赛作品

题目"节日空间" 作者：A.莫奇利斯卡娅

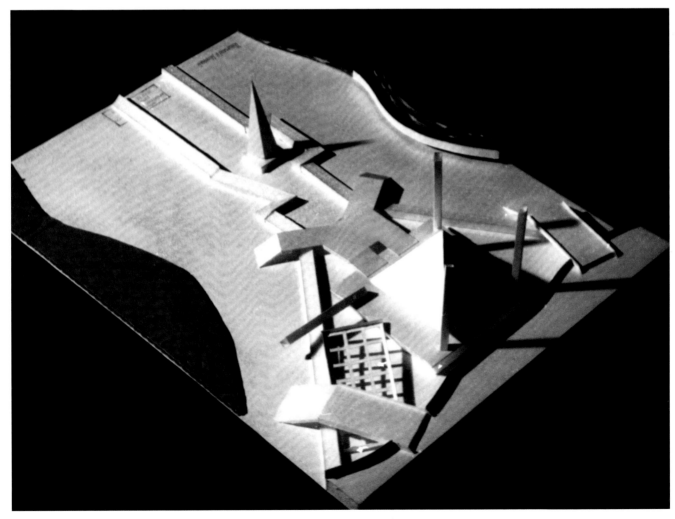

题目"水上节日" 作者：H.克里马耶夫

1997年奥林匹克中学建筑竞赛作品

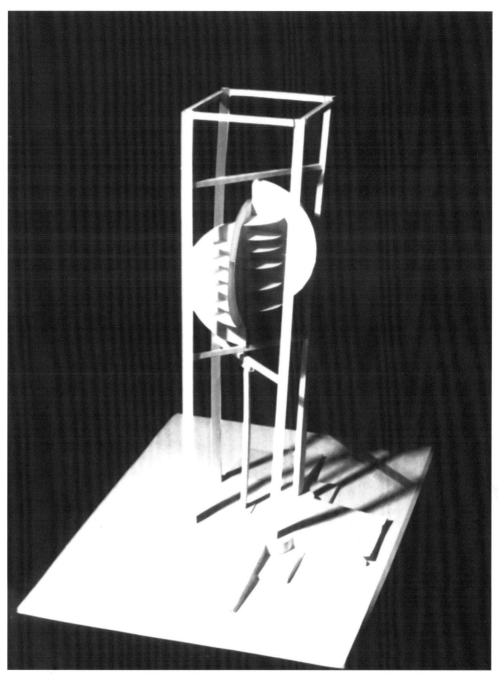

题目:"我居住在21世纪"
作者: B.霍利斯久恩

俄罗斯高等建筑学教育的学前教育

韩林飞 博士

每年都有数以万计的年轻人,进入俄罗斯各高等建筑院校,学习建筑设计与创作。在进入高校之前,他们怎样获得建筑学基础知识呢?如何培养自己建筑艺术方面的基本功呢?又是如何进行绘画、色彩、构图的呢?

在俄罗斯42个城市中,每个城市不止有一所建筑系、院及其相关专业。在许多城市中设有建筑艺术中学以及较初级的各类儿童建筑启蒙教育工作室,其专门从事9岁前、10～12岁、13～16岁以及16岁以后年龄组的初级、中级少年儿童的建筑启蒙教育、学前建筑学教育。

这些初等建筑教育工作,是由"俄罗斯国际建筑院校预科教育协会"全面负责的。该协会主席是莫斯科建筑学院副院长А.斯捷潘诺夫(А.В.Степанов)院士。该协会隶属于俄罗斯高等教育部建筑专业教学方法联合会。这个联合会不仅负责建筑学教育方面的事情,而且负责全俄建筑专业的高等职称评定,如建筑学教授或副教授职称的审查、评定。

一、16岁前的少年儿童建筑启蒙与入门教育

俄罗斯非常强调建筑学高等教育的学前教育,且少年儿童的建筑启蒙教育是非常独特的。因为每个人都知道儿童是祖国未来的主人,特别是从事建筑专业的家长们,总希望子承父业,以后让孩子从事建筑设计工作。因此家庭潜移默化的影响,成为儿童接触建筑设计的第一课堂。为满足家长们的需要,为了培养建筑师后代,俄罗斯许多城市都开设有专门的儿童建筑启蒙教育工作室。每年有许多儿童在这类机构中接受最基本的建筑启蒙教育。这类机构包括俄罗斯或地方各建筑师协会所属的建筑启蒙教育工作室、各类建筑艺术中学等。在首都莫斯科,俄罗斯建筑师协会共有三个儿童建筑启蒙教育工作室、六所独立的工作室以及四所专门的建筑艺术中学。比较著名的是莫斯科"起点工作室"、"天鹅工作室"、"阿尔卑斯工作室",以及"50中学"、"600中学"、"1073中学"等建筑艺术中学。在全俄罗斯共有40多个儿童建筑启蒙工作室以及32所建筑艺术中学。

这种儿童建筑启蒙教育,类似于美术或音乐学院的附中、附小教育。1997年,笔者陪同一位中国建筑师参观'97俄罗斯优秀建筑设计展,当他见到该展览中专门设有一个展览该年度优秀儿童建筑绘画、折纸雕塑与作品的展厅时,惊讶地说:"我还是第一次见到这种从小培养建筑师的学校,它们像少年体育学校、儿童音乐学校、美术学校一样从小培养建筑师。"这也从另一个方面说明了俄罗斯对儿童教育的重视以及专业教育涉及面之普及与深入。

这套系统不仅源于前苏联时期广泛普及的文化教育以及系统扎实的教育行政体制,而且还源于一批极具远见卓识的建筑学教育工作者(如莫斯科建筑学院的许多教授每周都义务辅导少年儿童的建筑启蒙绘画课)。这种对民族文化传承、对后代建筑师启蒙培养认真负责的态度,使高级建筑人才的培养成为有源之水,有本之木。当然,并不是每个在建筑启蒙工作室学习过的孩子今后都能成为建筑师,但这种熏陶培养亦提高了人民群众的建筑鉴赏水平。

在俄罗斯市场经济化的今天,这类启蒙教育工作室开始收费,但仍有许多家长把孩子们送到这里来学习。

在这些工作室中,教师在游戏中启蒙孩子最初的建筑印象和最基本的形态构造、色彩组成等。把这些最基本的因素通过绘画、色彩或折纸、拼贴等手法,再由孩子们的思维表达出来。在9岁前的儿童中这种训练仅仅是一些简单的色彩组成、初级造型等。如1995年优秀儿童建筑创作,9岁前组的获将作品是4岁的伊拉与8岁的维佳的绘画作品,充分体现了儿童思维中的色彩构成特点。

在10～12岁年龄组的建筑启蒙教育中,教师把学生的一些具体的建筑感悟归纳为一定的题目,通过孩子们奇特的思维表达出来。在此过程中来完成形体、色彩、构图等深奥抽象理论的具体化。如1997年俄罗斯建筑师协会10～12岁年龄组优秀创作一等奖作品"我所喜爱的普希金",这是莫斯科"起点工作室"孩子们的集体创作。在教师的引导下,孩子们以戏剧舞台中的一个场面为背

景，前景拼插上各具形态的普希金戏剧中的人物动态形象的剪影，成功地将孩子们眼中的普希金，通过这种场景布置、构图、不同动感的形象处理等手法表达出来。这些基本的形象思维方法在建筑设计中是常见的、必须的。二等奖作品："自然中的建筑"、"大地与水"，小作者将自然界中各种生物形态抽象、提炼成各种平面构图的形式。在他们的眼中，"自然中的建筑"就是生物体的各种抽象形态。这些小作者一个个都是小生物迷。通过这种方法，形象、构图、比例等抽象的构成理论潜移默化地影响着孩子们，这种培养为他们今后从事建筑创作等工作奠定了良好的基础。

图10～15是近年来10～12岁年龄组获俄建筑师协会优秀作品奖的作品。从这些孩子们的创作中，我们不难看出孩子们丰富的想像力和对自然界事物纯洁的认知以及可爱的童趣。

在13～16岁年龄组中，第一阶段，教师布置给学生一些具体的题目，如"爷爷的工作室"等，主要训练学生描绘具体事物技能及体、面的组织能力。第二阶段，教师充分发挥学生的想像力，提供一些幻想、抽象的符合此年龄段孩子们特点的题目，如"宇宙太空站"、"明亮的城市"、"明日之屋"等，充分发挥孩子们的想像力，然后在教师的归纳、总结、引导帮助下完成这些题目。在此阶段考虑到孩子们的接受能力，逐渐引导学生由二维平面式的思维，过渡到三维空间的想像中。这一年龄段学生的作品比较成熟，更加形象、具体，已有较强的建筑味了（图16～图23）。

二、俄罗斯建筑艺术中学的建筑学初步教学

在俄罗斯的许多城市中设有建筑艺术中学。据不完全统计，在全俄罗斯共有此类中学50多所，主要培养9～11岁年龄组的高中学生。

这些中学校的一个主要培养目标，就是为各建筑高校输送高质量的人才。中学生教学课程以俄罗斯教育部的中学课程设置为基础，强调建筑学学前教育的相关技能培养（如美术、绘画、雕塑的课程在这些学校中所占比例较大）。

中学校经常组织学生参观各地的名胜、历史建筑，参观各种艺术展览，并经常邀请建筑院校的教授们前去座谈。但这些中学校并不讲授建筑设计，重点仍是建筑学初步教育中强调的建筑艺术素养及相关性技能的培养。

这些中学毕业生大多从事与建筑设计相关的行业，约有20%～25%的学生今后升入高等建筑院校深造（各地、各校、各年的比例是不同的），其余的学生大多数从事平面设计、舞台美术、广告设计、服装设计、室内设计等工作。但大部分建筑中学的毕业生在毕业后仍寻求各种机会进高校深造，这并不仅仅是为了"文凭"。据笔者调查，在俄罗斯从事建筑艺术创作的许多建筑师、设计师是出于自己对创作设计的兴趣和爱好而选择此项工作的。许多人把创作作为自己毕生的追求目标。因此这些中学的学生选择建筑艺术中学并不是盲目的，他们的选择是建立在了解与兴趣爱好的基础上。

三、俄罗斯高等建筑院校高考前补习、辅导及预科教育

在俄罗斯，几乎每所建筑院校中都设有高考前的专业技能辅导、补习及预科教育：主要进行绘画、制图、构图等建筑专业技能训练。

莫斯科建筑学院专门设考前辅导班，为中学生提供高考专业考试中绘画、制图、构图训练。短期班培训一般为考前两个月。

在莫斯科建筑学院还设有一至二年的建筑学学前教育部，负责10年级或11年级的中学建筑学学前教育，为高考做准备。其他中学10年级的学生转班到莫斯科建筑学院预科教育部，进行两年学习后，相当于高中毕业生，方可参加高考。11年级中学生可接受一年的预科教育后参加高考。

针对高考落选学生，莫斯科建筑学院开设有高考补习班，针对每个学生个人情况的不同，可以进行全时或半时的补习，时间一般为一年。1998年在莫斯科建筑学院进行考前补习、辅导的学生约为500人。其中一部分经考试合格后可进入莫斯科建筑学院学习，录取比例约在8∶1左右。

1998年秋季，莫斯科建筑学院共录取新生230人，其中75人是在该校完成一至二年的预科或学前教育后通过高考进入该校的，其余的则是通过高考的其他中学生（包括莫斯科四所建筑艺术学校毕业的中学生）。

在莫斯科建筑学院接受学前教育的二至三名优秀学生，可免专业技能考试，只考数学、俄文，成绩合格后可进入莫斯科建筑学院学习。

俄罗斯高等建筑学教育的学前教育

1

2

3

4

5

6

7

8

9

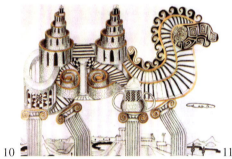
10

11

12

13

1、2. 95优秀儿童建筑创作9岁前组获奖作品
3. 地神之街
4. 梦境
5. 幻想之舟
6. 神奇之城、魔幻之屋
(图3～图6为97儿童创作俄建筑协会一等奖)
7. 太阳之星
8. 甜蜜的城市
9. 神奇之城、魔幻之星
(图7～图9为97俄建筑协会优秀儿童创作二等奖)
10. 作者：米哈依洛娃·塔莎（12岁）
11. 作者：库琴斯基·阿利莎（12岁）
12. 作者：巴格丹诺娃·柳希娅（12岁）
13. 作者：什多拉佐娃·阿妮娅（12岁）

建筑师创造力的培养

14

15

18

16

17

19

20

21

22

23

14. 俄优秀设计,10~12岁组一等奖"我喜爱的普希金"（莫斯科"起点"工作室三年组集体创作）
15. 俄优秀设计10~12岁组二等奖"自然中的建筑"、"土地与水"
16. 生态的灾难
17. 爷爷的工作室
18. 作者：热哈洛娃·阿科沙拉（16岁）
19. 中国城
20. 有个地方
21. 作者：蒙多利那·伊拉
22. 教堂
23. 城市礼物

（图1~图9为9岁前儿童组作品；图10~图15为10岁~12岁组优秀作品；图16~图23为13~16岁年龄组创作作品）

建筑师艺术素质的培养——绘画

П.М.克里莫夫 教授

莫斯科建筑学院的绘画课,保留了俄罗斯学院派教学的历史传统,在培养建筑师和艺术家时,强调现实主义绘画的重要作用。现阶段,绘画、形象构图分析方面的教学有了重要的进展,这对未来的职业建筑师形成专业思维是必不可少的。

今天,我们把绘画作为一门基础课,在实际应用方面具有明显的效果。绘画与其他创作性课程一起形成了学生立体空间和艺术构图思维,普通造型雕塑是理解和掌握自然环境下建筑形式和空间的基础。

四年的绘画课大纲建立在三个相互作用的基础之上,使用的却是相同的方法论。第一是"几何形体":这一入门课程,奠定了分析绘画结构的基本原则,在平面基础上表达三维形体的方法,理解明暗规律。第二是"人体":这在建筑学中是主要的模数。在这里首先研究自然结构和造型,考察身体各部分功能同其结构、细部尺寸、运动可能性的联系。研究和描绘人体,可以增加学生广阔的专业素质,其他任何形式都不能达到此目的。第三是"建筑与环境";这些作业贯穿全部绘画课程。学生了解构图艺术的规律、风格特点、建筑有机部分与整体建造的结构艺术合理关系,从而积累表现建筑艺术与技术的方法。掌握用图形准确表达自己的创作思想是教学生绘画的明确目标和最终结果。

考虑到未来职业建筑师专业的需要,绘画考试是莫斯科建筑学院最重要的入学考试之一。绘画考试包括两部分:一是描绘经典头像雕塑的石膏摹品;二是以三维几何体为基础的构图作业。

为准备入学考试,通常需要在莫斯科建筑学院的预科班学习一至三年绘画。

建筑与环境：指定若干建筑环境，辅导学生从建筑形体关系、建筑与环境的协调、比例、尺度的统一等方面，描绘建筑的环境、空间。主要强调环境中建筑的形体雕塑感、色彩关系等。

建筑师艺术素质的培养——**绘画**之入学美术、绘画考试作品

石膏头像素描

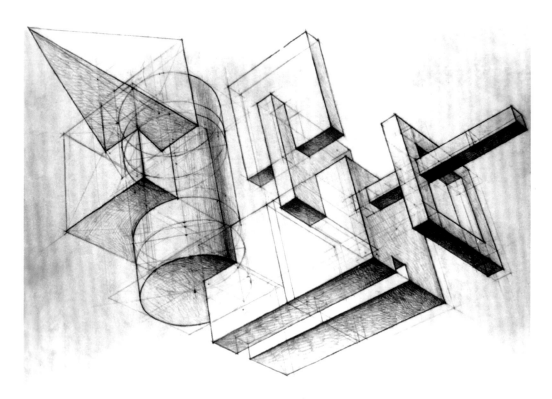

几何形体构成

建筑师创造力的培养

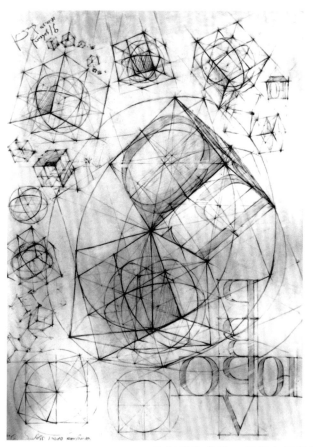 

几何形体素描：研究空间形体的几何构成、透视、明暗关系。

 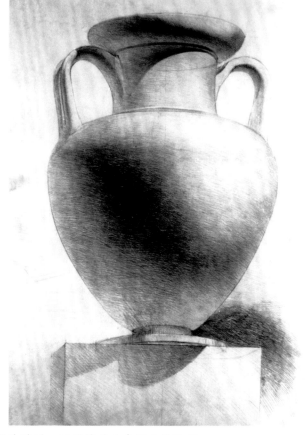

建筑细部素描：掌握复杂形体、细部的设计原则，用明暗关系表现立体造型。

建筑细部素描：掌握复杂形体、细部的设计原则，用明暗关系表现立体造型。

建筑师创造力的培养

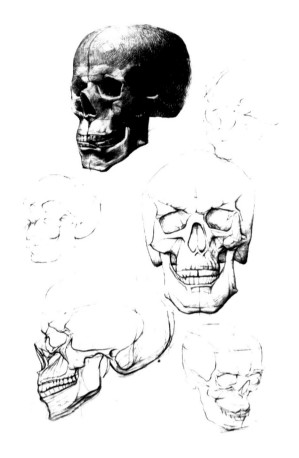
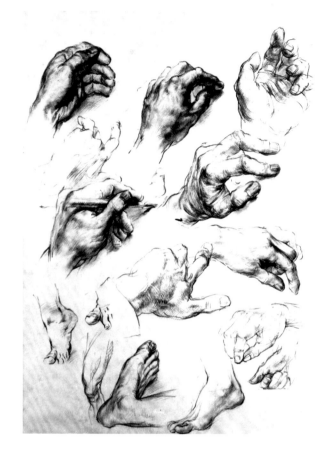

研究人体：形体解剖，石膏像、人体模特的素描与速写，强调人体结构与运动的关系，细部尺度完美的结合，培养学生利用各种材料与技术表现人体结构、尺度、细部与质感的能力。

研究人体：形体解剖，石膏像、人体模特的素描与速写，强调人体结构与运动的关系；细部尺度完美的结合，培养学生利用各种材料与技术表现人体结构、尺度、细部与质感的能力。

建筑师创造力的培养 | 77

研究人体：形体解剖，石膏像、人体模特的素描与速写，强调人体结构与运动的关系；细部尺度完美的结合，培养学生利用各种材料与技术表现人体结构、尺度、细部与质感的能力。

建筑师艺术素质的培养——绘画

研究人体：形体解剖、石膏像、人体模特的素描与速写，强调人体结构与运动的关系；细部尺度完美的结合，培养学生利用各种材料与技术表现人体结构、尺度、细部与质感的能力。

研究人体：形体解剖，石膏像、人体模特的素描与速写，强调人体结构与运动的关系；细部尺度完美的结合，培养学生利用各种材料与技术表现人体结构、尺度、细部与质感的能力。

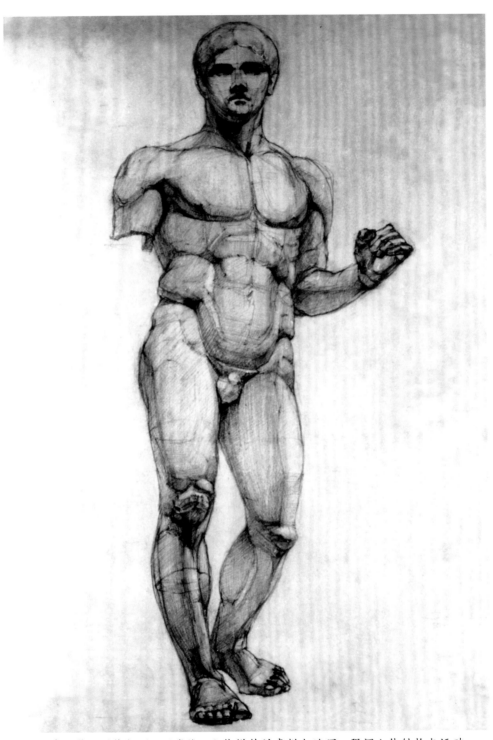

研究人体：形体解剖，石膏像、人体模特的素描与速写，强调人体结构与运动的关系；细部尺度完美的结合，培养学生利用各种材料与技术表现人体结构、尺度、细部与质感的能力。

建筑师创造力的培养 | 81

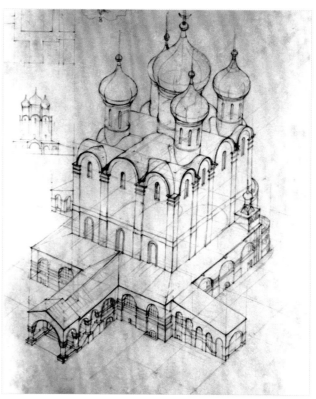

建筑与环境：指定若干建筑环境，辅导学生从建筑形体关系，建筑与环境的协调、比例、尺度的统一等方面，描绘建筑的环境、空间。主要强调环境中建筑的形体雕塑感、色彩关系等。

建筑师艺术素质的培养——绘画

建筑师艺术素质的培养——雕塑

И.Н.贝林金　教授

莫斯科建筑学院雕塑课的目的与任务：
——发展学生立体空间的视觉和思维。
　　使学生对雕塑与建筑的基本内容和共同点有所了解：即结构、立体艺术、形体、体积、平面、韵律内容的综合理解。
——研究优秀的雕塑作品。
　　为拥有发展空间视觉，课程始于雕塑。雕塑与绘画或写生相比，不需三维空间的感觉，而直接具有表达空间的可视性。雕塑课共三个学期，236课时。所有学生将完成十个作业。

作业可分两类：
——学院派传统作业。
——构成派作业。

84 建筑师艺术素质的培养——雕塑

建筑师艺术素质的培养——雕塑

建筑师创造力的培养

使用帷幔、弄皱的纸张和树叶三种素材，在平面上完成具有独立空间物体的浮雕。

在石膏上雕刻一座历史建筑上的建筑雕塑细部。

建筑师艺术素质的培养——雕塑

学院派传统手法训练

作业着重于培养大形体的比例与把其分成细部的能力,掌握并深刻理解雕塑过程,最后完成的概念。模仿经典石膏头像——"里维斯基小男孩",用软材料制作人头像。

建筑师创造力的培养 87

1. 模仿石膏模型"安提娜",用软材料制作人体。
2. 先在骨架上寻找基本轴,布置基本轴和细部,然后在雕塑时寻求形体的内在和谐,进行细部的推敲等。

1	2
3	4

构成派作业训练

1、2 作业是抽象的和超常比例的，但是学生应以完美的形式雕塑其结构，并置于具体地点：公园、广场或室内。

3、4 在创作中必须充分表现预定主旨。主次、形体的相互作用，轻重、稳定与均衡，用雕塑语言表达作品的内在表现力等。

建筑师创造力的培养

5、6 采用软材料做模型，同纸模型相比，可以更快捷、更容易地表现其丰富形体的建筑概念。模型置于作者建筑设计草图上。

第一学期作业

临摹"19世纪建筑水彩画" 作者:E.尼凯莱耶娃

建筑师艺术素质的培养——写生

写生课教学大纲

B.T.塔里科夫斯基 教授

写生课重要的任务是形成艺术修养和色彩构成思维，培养造型和建筑绘画领域的专业技能。造型和色彩的专业培养是培养未来职业建筑师的重要组成部分，对其今后创作活动有明显影响。

所有创作阶段造型、构图和形象表达的讲座和实践课程是教学大纲中方法论的基础，这使学生不仅在造型课上，还在实践活动中，获得了创作过程逻辑上的连续性。

大纲上写生画的基础课有两个不同层次，第一部分研究写生表现和形式构图方法的规律；第二部分研究写生构图、色彩和建筑画的专业方法。

练习的开始阶段包括研究造型方法和构图基础，这同初步教育系的其他造型课题相联系，包括：绘画、雕塑以及部分建筑画。

第一部分 色彩特性的入门知识，色彩的合成与相互关系，色彩创作，写生素材与技法。

这一部分的讲座与实践课的基础是研究光谱及其规律、色彩变化理论、写生素材的可用性。创作室中的实践，教给学生写生创作素材和形式构图方面的技能。

第二部分 写生构图基础，色彩创作及规律、写生构图类型。

该部分研究平面绘画规律、写生色彩及表现手法理论。这部分的实践作业使学生了解、应用基本构图类型（平面、体量、空间）的各种创作风格、方法。

该部分包括为暑期写生实践而进行的户外准备阶段。一系列城市环境的户外习作，表现了建筑色彩和空间环境，这是在平面上研究空间构图方法的合理延续。

暑期实践

暑期实践，是研究写生创作及表现方法规律的阶段。培养学生基本功的第二个重要阶段，大量作业可以确切地表述用造型方法表达建筑和自然环境的相互关系。特别要注意表达各种光照、空气及色彩透视、自然景观特性影响下建筑的色彩塑造质量。习作使用各种技术（色彩、粉画、油画等技法）。在表达空间造型的特性时准确地描绘，对比例的关注，同样是第二阶段最重要的要求。

第三部分 写生构图教学法。

本部分致力于研究作者写生过程的连续性，从收集材料到作品完成（选择题目、创作特性、表达手法、形象色彩的确定）。作为训练作业，进行临摹和分析，区分与学生创作相似的写生作品。写生构图创作和形成初始的惟一原则及在形成画面特点的相互作用是基于组织创作过程和形成构图的教学法。

第四部分 专业课阶段，大纲基于各教研组研究方法的人格化。

专业课程阶段，写生、色彩和建筑绘画是这一领域的专业任务，也是完成课程培养的基本大纲。学生进行一个周期选择方向的工作，而后是完成全部毕业作品。

这部分大纲的目的是应用以前学到的所有的知识完成创作过程。整个教学结构是提高学生的水平，使其会选择工作方向，达到理想的创作水平。

结束语

写生课大纲的基本原则，是基于在校生所有教学特点建立的连续造型课程。大纲的基础部分是必须在教师指导下的写生讲解课。选修课只能在完成了基础课程之后进行，既有讲授又有自学，并可根据个人作品咨询。大纲不是狭隘的实用主义，而是遵循培养未来建筑师创作个性的专业需求而确定的各种结构广阔的教育体系。

建筑师艺术素质的培养——写生

临摹"19世纪水彩画伟大的吾斯秋克"
作者：A.依菲莫娃工作室

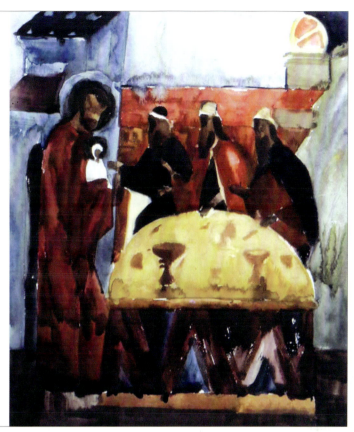

"中世纪写生画结构分析"
作者：A.依菲莫娃工作室

"圣彼得堡" 作者：麦依舍夫

第二学期作业

"静物画写生草图"
作者：A.依菲莫娃工作室

"静物画结构草图" 作者：Л.麦依舍夫

临摹"色彩训练" 作者：A.尼凯莱申

"机械元素"临摹 作者：A.巴德捷姆什科夫

（上两幅）"莫斯科，环路上的桥" 作者：A.巴德捷姆什科夫

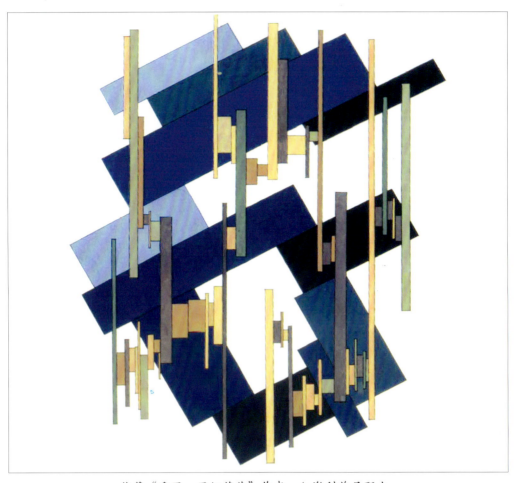

临摹"爱里—里细茨基" 作者:A.谢利兹尼耶夫

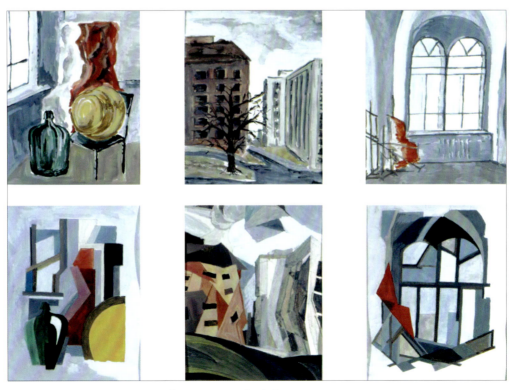

"室内外设计草图" 作者:E.巴仁诺娃

建 筑 师 创 造 力 的 培 养　97

第三学期作业

"中间结构" 作者：E.巴仁诺娃

建筑水彩画 "帕提农神庙局部"
作者：M.格利梅什肯娜

建筑师艺术素质的培养——写生

1. 雕刻 花的结构
   作者：A.依菲莫娃工作室
2. 雕刻 布耳戈诺夫雕塑工作室
   作者：A.巴德捷姆什科夫
3. 临摹 "克里米特"
   作者：A.谢捷兹涅夫

建筑师创造力的培养 | 99

"圣彼得堡,新荷兰"
作者:A.伊万特尔,完成于依菲莫娃工作室

立体—空间构成

A.B.斯捷潘诺夫 教授

立体—空间构成课,是建筑教育理论和实践的特有体现。由于俄罗斯前卫艺术的先驱 H.拉多夫斯基、B.克林斯基、H.多库恰耶夫和许多其他著名建筑学者和教师的影响,1920年在传奇式学校高等艺术与技术创作工作室(BXYTEMAC)的墙上出现了立体—空间构成课。目前,立体—空间构成课,成了创作原则和实践作业的统一体。

基于人的视觉和心理、生理学特点,通过大量空间形式的变化,可以创作出具有指定特征的情感表达构图。

空间形象、想像教育是掌握设计初始条件的基础之一。始于最简单元素的构图逐渐复杂,它是由立体构成课通向独立构图创作的途径。

一系列的立体—空间构成作业,具有发展的合理性,同时这些作业的选题同建筑设计作业相配合。

第一个作业是平面构成,要求学生应用有限的平面直角元素,解决平面构图。此时,按建筑绘画的要求,让学生完成简单建筑物的图纸,其中必须在图纸里表现出布置投影的能力。

基本构图形式的练习,在立体构成课中起重要作用。构图分三种:平面、立体、深空间。在平面构图中,所有元素按水平或垂直坐标放置,并使站在初步构图前的观者领会。立体—空间构成通常按三度方向发展,给观众以全方位理解的可能性。深度空间构成向纵深发展,其特征是空间比组成这个空间的体积占优势。

一系列练习帮助学生掌握建筑构图的一般方法。比如韵律和谐。这些练习帮助学生理解该时期的文物建筑研究构图结构的特点。平面雕刻作业与建筑细部图解分析应同时完成,设计小型儿童游戏场建筑之前,进行体积与雕刻基础相关性的构图练习。体积和基础表面可以相互控制,或者形成统一的整体。五年级结束前的设计,完成内部空间同体量外壳相关性的构图设计。构图由几个内部空间组成,其主要空间应强调位置、外形或其他构图方法。

这些练习方法同众多的基本形体相联系,如:住宅楼、画室等。

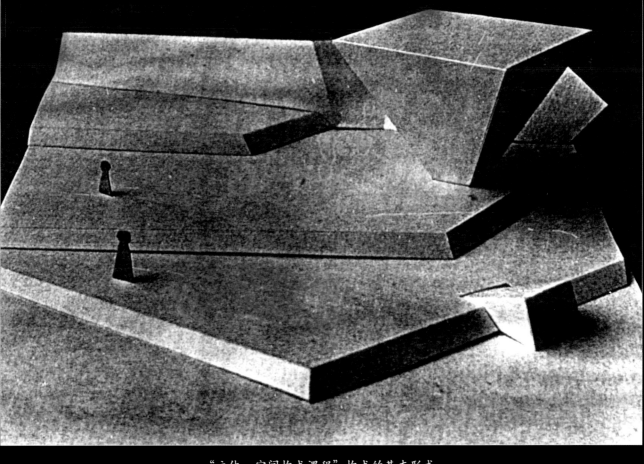

"立体-空间构成课程"构成的基本形式
作业1：正立面构成

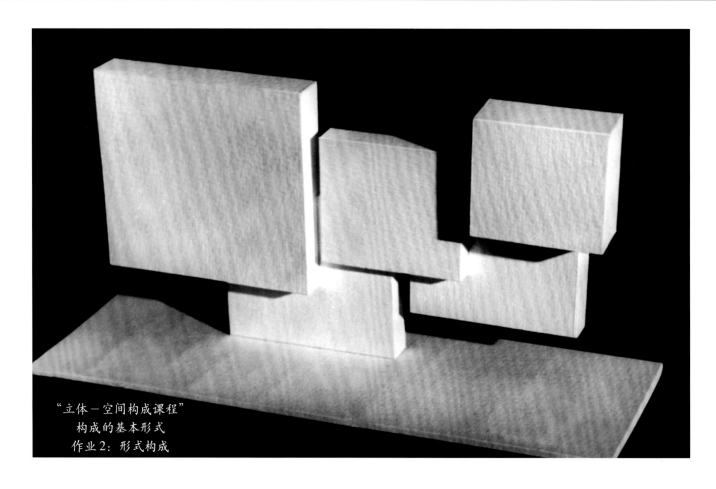

"立体—空间构成课程"
构成的基本形式
作业2：形式构成

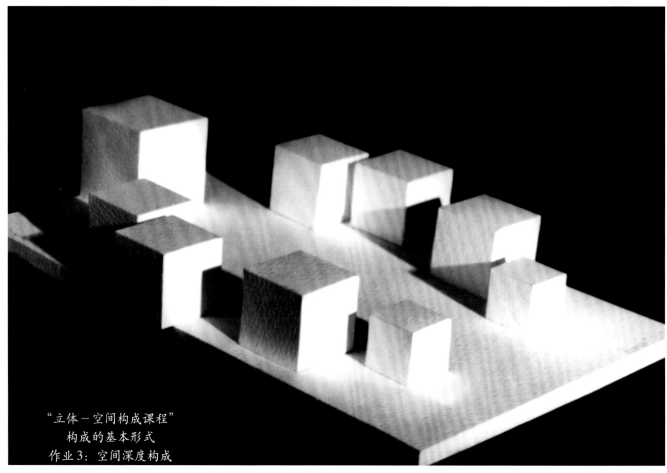

"立体—空间构成课程"
构成的基本形式
作业3：空间深度构成

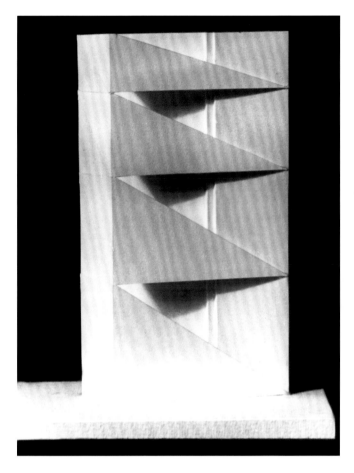

"立体－空间构成课程"构成的基本形式
作业4：在处理立面结构雕塑时应用节奏规律

"立体－空间构成课程"构成的基本形式
作业5：在处理正立面结构时应用节奏规律

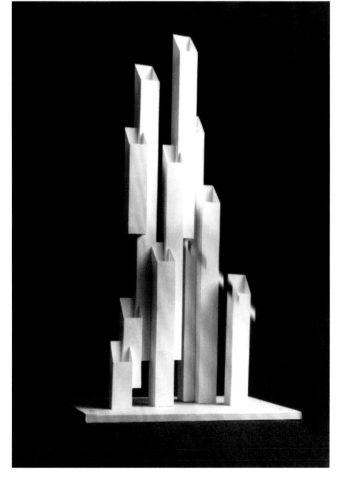

立体—空间构成

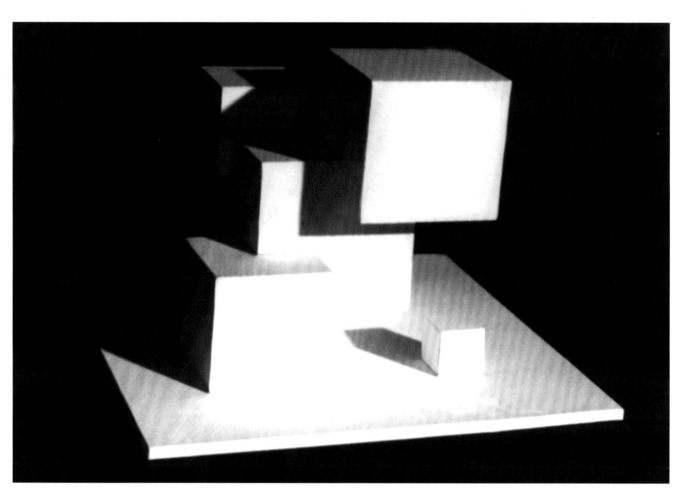

"立体—空间构成课程"构成的基本形式
作业6：在处理形体构成时应用节奏规律

"立体－空间构成课程"构成的基本形式
作业7：正立面的雕塑艺术

"立体—空间构成课程"构成的基本形式
作业8：形体同表面建立雕塑的相互关系

建筑师创造力的培养 107

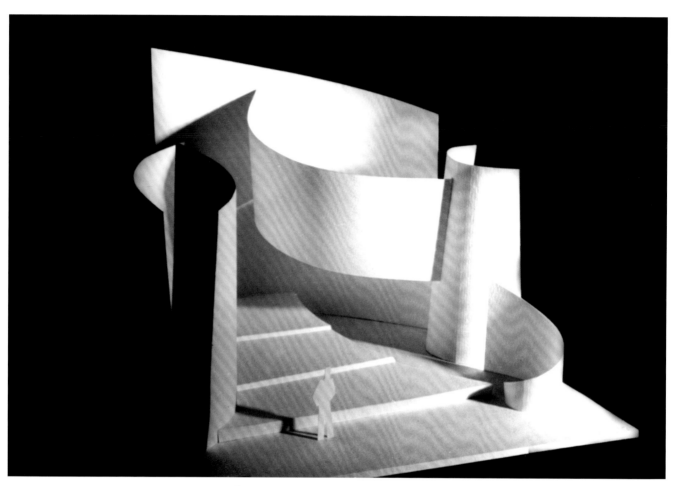

"立体－空间构成课程"构成的基本形式
作业9：内部空间同外壳体雕塑感的相互关系

莫斯科建筑学院（МАрхИ）模型教学

B.A.普利什肯 教授

莫斯科建筑学院（МАрхИ）始终将模型教学看做是建筑设计教学的组成部分，是构成建筑设计预备知识的要素之一。而这些对于建筑学院的学生——未来的建筑师，是十分重要的。非常遗憾，虽然，我们在学生进入学院前和进学院的前两年，都为他们的绘画和制图开设了预科课程，但进入建筑学院学习的学生，他们所具有对空间总体设想的能力，仍然是十分有限的。因此，从建筑学教学的第一天起，空间思维的形成，形象概念及建筑造型处理手法等，就在教学法中获得了最重要的现实意义。

学生对建筑构图的掌握是建立在建筑构图基本规律的基础上，是通过艺术与建筑历史周期之间的相互作用表现在建筑设计中，通过设计图纸的描绘与画法几何规律的应用，在多次反复、多次推敲、多次实践的循环中得以完成的。

在制图、绘画、雕塑的课程学习中，学生们从第一天起就开始通过石膏静物素描、写生、建筑画等科目的学习来理解"构图"。以建筑构图基本规律为基础的建筑设计教育，并不是通过实物来实现的，而是建立在形象及概念的基础上，在思想观点与建筑造型表现手段的相互作用中完成的，其结果是使艺术形象"定形化和建筑体的物质化"。这种物质化形体的创造，一方面可以检验艺术构思，另一方面可以检验建筑的物质与功能需要。

莫斯科建筑学院目前的教学计划，非常强调"空间—形体构图"教学。"空间—形体构图"教学内容是与20世纪20~30年代莫斯科前卫派建筑师的实践紧密联系的。鲜为人知的是莫斯科建筑学院前身可追溯20世纪20~30年代的呼捷玛斯——高等艺术与技术创作室（ВХУТЕМАС），当时与德国鲍豪斯在现代建筑教育思想上非常相似。虽然在20世纪50年代它的许多思想观点被斯大林推崇的"新古典主义"艺术观念所压制，但其对现代建筑的教育方法、对工业化建筑艺术的诠释、对建筑空间构成理论的发展、对建筑与其他艺术形式之间的相互作用等方面，仍给后人留下了一笔宝贵财富。

呼捷玛斯（ВХУТЕМАС）与鲍豪斯（BAUHAUS）共同在现代建筑的起源中作出了突出的贡献。

"空间—形体构图"课程包括一系列的讲座与实践指导，主要通过各种类型的卡纸模型来完成。在空间形体构图中，学生们发展自己的空间构图能力、想像力，其工作结果是用纸质材料制作成具有丰富艺术表现力与很强可塑性的模型。

"建筑空间—形体构图"教学包括一系列的课程练习。

第一组课程练习为构图类型。有线性构图、两维空间的构图、形体、三维空间的所有元素、开放空间类型的深度、空间中的深度与广度、空间中沿三维各轴方向的延伸、空间构图的艺术条件等。空间构图的艺术条件是评价构图设计的主要标准，是完整构图产生的重要因素。

第二组练习是模型训练。应用较大尺寸的物质、空间、地形条件，进行空间三维性质的展现。主要项目是对比整体与局部之间的差别关系、封闭类型、空间的深度表现。

第三组练习是系列的韵律与节奏训练。要求体现形式与变化的意义，训练主要是通过构筑空间—形体形式与结构之间的相互作用而完成的。

立体—空间构图教学的根本任务是，发挥学生诗意般的想像，并将构思转换到建筑构图中。这样，抽象的构思就通过学生掌握模型的方法，形象地表现出来。

"构图"素质的培养，不仅贯穿在"空间—形体构图"的教学课程中，同时与进行的具体建筑课程设计相结合。这些具体的设计课程，要求有一定的功能计划，以保证教学方法的协调。在此计划下的设计，被看做是最终设计图纸的制定与模型形体化的过程。

莫斯科建筑学院头两年的教学大纲，要求在设计过程的构思创作中，学生应最大限度地应用工作模型。通常所进行的设计过程与最终的模型是直接相关的，而且是必要的，如果没有这种前提，理解这些充满情趣的设计题目是不可能的。在纪念碑、儿童游乐场等建筑的设计中，模型的意义就更为重要，因为这些设计方案主要的评价标准是雕塑感、形象的创造力等。

这样依次更迭的、针对抽象概念的构图课程练习，与在建筑设计的不同过程中采用不同的工作模型构成了莫斯科建筑学院第一阶段专业教育的特点。

在高年级中则没有"空间—形体构图"这门课，针对构图的专门训练已停止，高年级中所有构图准备的注意力，都集中到对建筑课程设计的模型化上。

建筑设计课是高年级建筑系教学的主要科目，在此阶段，学生会获得更多的专业知识及专业素养，形成个人的建筑构图观，掌握建筑实体的实质及其规律性，理解它的结构、空间、形式，并形成个人建筑创作的基本方法，奠定其专业技艺的基础。

建筑设计的创作过程可以分成一系列有序的阶段，每一阶段都形成特定的设计模式，如信息积累阶段、思想观念探寻阶段、问题的选择与解决，等等。

在所有这些阶段中，都应采用工作模型或局部控制性模型。

学生在各个阶段设计中，用工作模型来推敲空间组织的最佳方案，工作模型激发起学生们积极的创作活动。这种实体的模型是思维观念最形象的"检测"，是寻找整体与局部、局部与局部之间的关系，修正不同的观点，处理内部及外部空间结构造型的最佳途径。工作模型将构思变成了清晰可见的实体，并且反过来成为分析构思的参照物。近几年，学院的模型实验室可以为每个学生提供模型分析的先进技术手段，这些技术手段是通过影视、照片等方法，从不同角度研究模型的建筑空间的。

工作模型被应用到不同类型的建筑设计教学计划中。拟定的建筑设计教学大纲包括：各种类型的住宅建筑设计、公共建筑设计、工业建筑及城市规划设计等。这些建筑设计的各个阶段都要求学生用工作模型来分析研究问题、发现问题、解决问题。

通过城市规划模型，可以取得规划平面的统一及自然环境或特定城市环境相关的空间构思的完善。

城市规划的模型一般是在特定的地形条件下完成的，如五年级的农村建筑设计，四年级的居住区建筑设计，都要求学生通过模型来分析确定区域的规划结构、建筑层数、建筑朝向、交通、绿化系统及供水区域等。模型还给在城市历史地段的改建以及复杂城市规划条件下设计新建筑提供了极好的条件。建筑模型使上述情况中新老建筑在建筑群体中的关系更加直观，取得了特定的效果。

在俱乐部、文化建筑、学校、博物馆、住宅、剧院等建筑的课程设计中，通过模型对方案形体空间的分析研究，还可以促进学生对建筑三维造型的形象构思以及对建筑物外观的完善。

公共建筑室内模型的制作，可以使学生从不同的平面层次来展示建筑的内部空间。五六年级学生制作的舞台、体育馆大厅、影剧院等模型，拓宽了学生对观众厅、建筑室内外空间联系的构思。毕业设计中，完成大跨度建筑模型，不仅显示了屋宇的造型构造，而且也显示了墙体、骨架及与造型元素相关的建筑结构构件。

模型作为设计中的建筑物，还可在实验室检验其日照、采光、声学等方面的性能，为实际的规划与建设工作提供了帮助。例如，为解决博览建筑的自然采光问题，可以制作断面模型，方便教学和科学研究。

在建筑设计教学中应重视学生抽象想像力与构图能力的培养。建筑学院在这方面进行了大量尝试，其中较有效果的一种方法是，定期指导学生进行一些短时间的空间形体构图练习。这些内容多是在一节课时内完成的，要求学生应用不同的艺术造型语言和模型材料，完成特定空间题目的研究。材料常采用具有表现力和有效理解空间的白色或其他色。建筑草图及工作模型在建筑设计过程中具有同样特殊的作用，它为学生理解分析并不断修正与完善自己的设计构思提供了可能性。

模型构思可以多种多样，可以从解决具体空间构成项目，到解决任何一个抽象功能的形式组成。如从建筑和各个断面模型、城市规划中特定条件模型，到教学大纲中所拟定的主题中的各种细节。这些任务与教学大纲是相互交替进行的，其目的是完整地培养学生的空间构成组织能力，并使其以很高的创造形式来完成，并体现在他们的设计作品中。每学期期末，都要给学生们规定具体的形体测验，以检验他们在空间构成教学阶段中的成绩与不足。

空间—形体的模型化，同样在建筑群轮廓的形成中占有重要地位。希望它能存在并贯穿于建筑学教育全过程及设计的各阶段。

莫斯科建筑学院（МАрхИ）模型教学

预科系学生形体构图练习

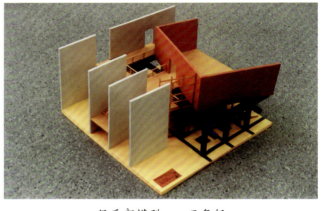
俱乐部模型——三年级

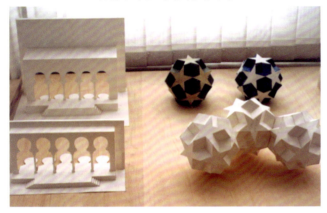
预科系学生形体构图练习

三年级学生建筑局部空间构图模型

预科系学生形体构图练习

公共活动中心大厅设计模型——四年级

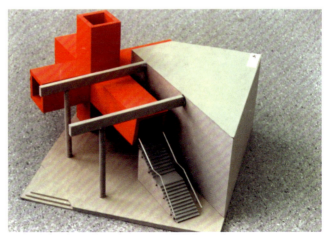
公共活动中心大厅设计模型——四年级

建筑师创造力的培养

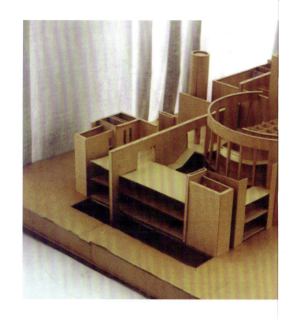

博览中心设计模型
——1996年毕业设计

多功能会议中心
——1997年毕业设计

三年级学生建筑局部空间构图模型

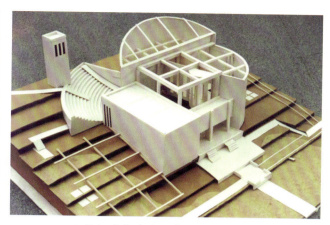

三年级学生建筑局部空间构图模型

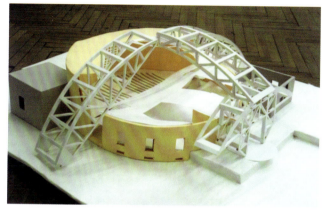

三年级学生建筑局部空间构图模型

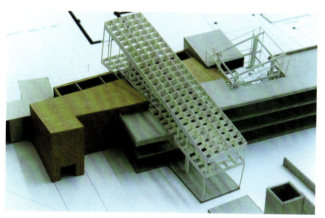

博物馆设计模型——四年级

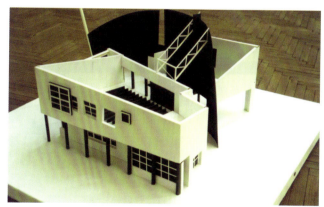

三年级学生建筑局部空间构图模型

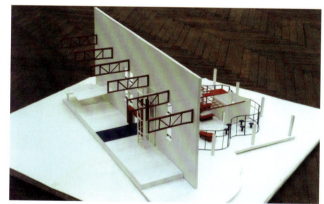

三年级学生建筑局部空间构图模型

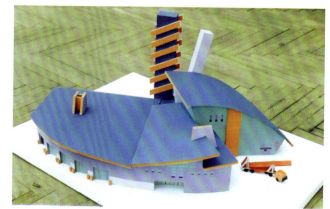

三年级学生建筑局部空间构图模型

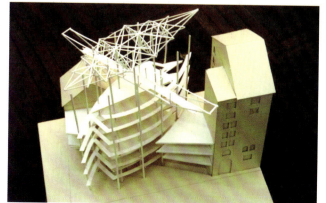

四年级学生竞赛模型

公共活动中心大厅设计模型

居住建筑综合体模型

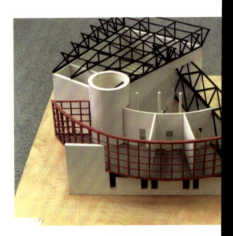

五年级学生剧院设计模型

三年级学生作业
题目：街角之家

在典型的城市环境中完成特定的建筑形体构成训练，其地平面是指定的。街角建筑的功能可以是商店、展览厅、办公室等。训练题目位于两个九层的建筑交角处。建筑形体构成形式、体量、高度应与所给定的环境相协调，具体的尺度、空间、构成形态则可以发挥学生的想像力与创造力。

作业须以模型完成，但其地平面图及新建筑的工具草图必须以图纸线条的形式完成。

模型比例：1：100
完成时间：6小时
作业完成于"居住建筑"教研室
导师：E.C.普鲁宁 教授

四年级学生作业
题目：高层建筑

题目训练是针对30～40层的高层办公建筑的形体空间构成而设置的。在形体构成训练中必须应用三种特定的基本的建筑形体语言元素。这三种元素的主次程度学生确定。三种元素是可以重复使用的，形体的体量及比例由学生自己确定。除了指定的三个构图元素外，学生可以自行选定一些其他的构图元素、色彩。建筑层高4米。题目必须以模型来完成。模型底盘尺寸30cm×30cm。

三个指定的形体构图元素是：
1. 平行六面体＋圆柱体
2. 回廊
3. 栅栏

模型比例：1：400
完成时间：6小时
作业完成："居住建筑"教研室
导师：E.C.普鲁宁 教授

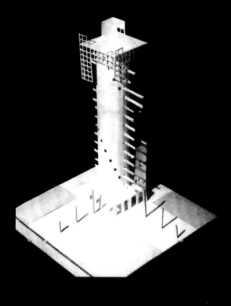

建筑构图艺术的分析

B.И.洛科杰夫　教授

职业建筑师专业技能——艺术构图的教学方针，是1987年在莫斯科建筑学院（МАрхИ）制定并实施的。

由于专业构图知识与职业构图研究技能的理论与方法贯穿于整个设计过程，因而显得非常的重要，正是由于这种重要性，启发了对职业建筑师专业空间构图艺术性训练教学的产生。全面扩展与加深专业艺术修养也需要这类专业的技能训练。

建筑空间构成艺术素质的培养，主要由历史理论部分与实践训练两部分组成。训练的方针和任务为：提供关于建筑空间形体构图问题的概念；使学生理解构图思维发展的规律性；使学生掌握一定的建筑空间构图评价方法；使学生了解并直观地接近大师的专业创作水平；以现实的优秀古建筑实例，展示建筑形体空间构图的专业问题与整体艺术修养的关系。

实践教学部分主要包括两种类型的训练：

（1）对于用形象解决分类问题构图条例的研究。

（2）构图练习和解答形式形象问题、比例问题、协调问题等等。

这门课程的基本教学工作：包括讲座与课堂讨论，以及必须进行的实践训练即对具体建筑作品构图艺术的个人评估。作品包括大师作品和自己的建筑作品。学生所选题目与评估工作在教师的指导下进行。

建筑师创造力的培养 117

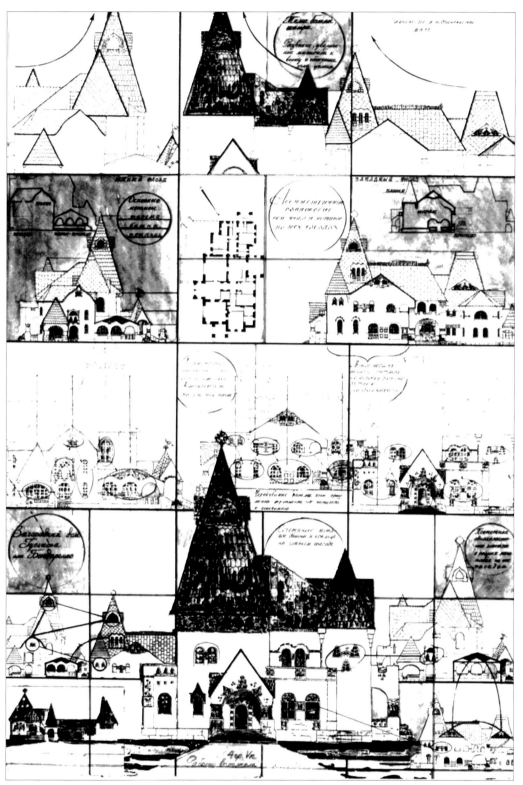

五年级"构图能力"课,学生独立完成课程作业:
  建筑大师作品的空间形体构图艺术的分析。
  分析建筑师都邦 И.Е.达林克斯在"那戈尔那亚"建造的城市近郊住宅
  (新俄罗斯风格)。该作业完成于一学期内,是在教师顾问指导下完成的。

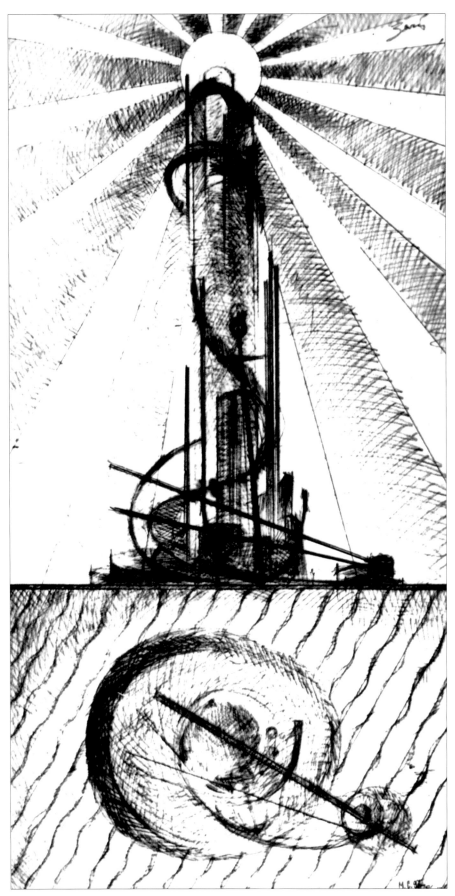

建筑形象构图设想。俄罗斯海军卡里阿克海角胜利纪念灯塔
——三小时无指导设计

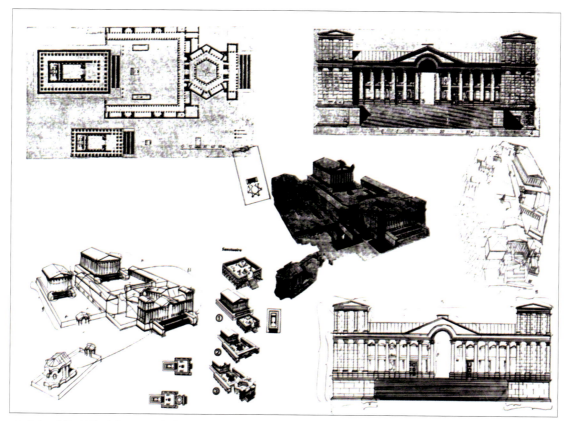

五年级"构图能力"课,学生独立完成课程作业

巴拉别克——利温文物建筑的构图分析

神庙分析,作业完成于一学期内,在教师顾问指导下完成。

五年级"构图能力"课,学生独立完成课程作业

快速构图设计

莫斯科阿尔巴特广场修复(根据大师设计的建筑方案构思原则,参考前苏联著名建筑师K.C.美尔尼科夫同名设计),六小时,有指导设计。

应用计算机对建筑场地环境的模拟研究

三年级学生：Л.列夫雅金

应用计算机对建筑场地的研究

三年级学生：Л.列夫雅金

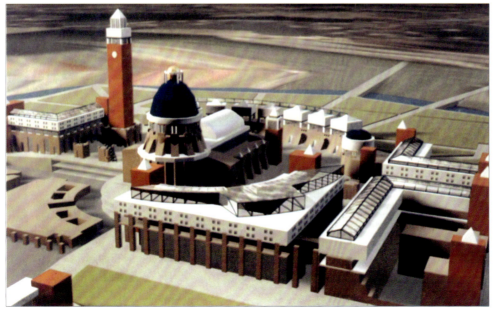

应用计算机模型显示建筑环境的空间创作

三年级学生：Л.列夫雅金

莫斯科建筑学院（МАрхИ）
——艺术史、建筑史、城市建设史教学

Д.О.什维德夫斯基　院士

莫斯科建筑学院（МАрхИ）的建筑史教学是与建筑学的发展以及学院对建筑学观点认识演变紧密相连的。20世纪俄罗斯对建筑学的观点曾有过几次根本性的改变。现在的教学中主要包括三个历史阶段：20世纪20~30年代初的前卫主义时期，即所谓"现代建筑"或"国际主义风格"时期；20世纪30年代后期至20世纪50年代初的新古典主义时期；20世纪60~80年代的实用主义建筑时期。

前卫主义时期

从前苏联建筑的各个发展阶段都能找到依据当时政治理论形成的历史建筑。前卫主义时期，人们都在寻找"前卫主义"的历史形象。当时的建筑学家力图找到一种能尽可能概括传统建筑形式的方法，如怎样搞清古典柱式建筑的比例实质，怎样找到著名历史建筑空间构图的总体规律性，等等。有趣的是，苏联前卫主义建筑师试图去掉历史建筑的细部装饰，而把古人发明的构图搬到现代建筑中来。20年代末至30年代初的莫斯科建筑学院在艺术史和建筑史课程上教给学生的正是这些内容。

新古典主义时期

20世纪30年代中期，当时政府提出抛弃前卫主义，树立新古典主义，即所谓"斯大林帝国风格"后，情况发生变化。在这个苏联建筑发展的第二个阶段中，对古典建筑的空间构成及其细部装饰极为重视。这些内容在20世纪30年代后期至20世纪50年代莫斯科建筑学院的建筑史课上占有极其重要的地位。学校要求学生对世界和俄罗斯古建筑的了解要达到倒背如流的程度：他们必须能从各个角度绘出雅典神庙、古罗马战场等名建筑；并熟知它们所有局部的特点。在当时，这些知识都是必不可少的，学生们毕业后在苏联各大城市建筑中运用的正是这些技能。

实用主义时期

斯大林去世后，第三个时期随之来临。这一时期的建筑已不再具有前卫建筑那样鲜明而强烈的表现力，局部运用古典建筑原形的作法被摒弃，与建设本身相比，对建筑史的影响相对较少。建筑史学家们保留了前面提到的两个时期的思想，并将它们对古建筑的研究成果融为一体，在建筑史课程中仿佛达到了平衡。从空间结构和总体构图的特点到细部结构的分析，不同的古典风格被用作统一的艺术体系进行研究。同时，人们开始对古建筑的历史作用和适合当时艺术观点的思想内涵进行研究。

这种对历史建筑的研究方法在莫斯科建筑学院沿用至今，20世纪整个俄罗斯建筑史所积累的经验被融为一体。

建筑史教学方向始终如一

近年来由于俄罗斯政治形势和经济情况的变化，科学技术的社会地位也急剧下降，建筑研究也受其影响。虽然教学课程的安排、建筑史研究的方向与深度基本没变，但开设建筑历史的教学科研单位却大大减少，在全俄罗斯几乎仅有莫斯科建筑学院建筑历史教研室这一家了。

在整个20世纪，该教研室保持了始终如一的教学态度和高度的敬业精神，教师的职业观没有因社会、政治形势的变化而动摇。他们坚信，建筑史教育对每个未来的建筑师都是十分必须和重要的。

建筑史课程与作业设置

目前本教研室的课程设置比较复杂，包括我们认为学生应该了解与掌握的所有历史学科。其课程设计如下。

一年级：世界文化史、世界艺术史、俄罗斯历史。

二年级：俄罗斯文化史、俄罗斯艺术史、世界建筑史。

三年级：俄罗斯建筑史。

四年级：城市规划建设史。

五年级：20世纪世界建筑史、20世纪俄罗斯建筑史。

六年级：历史建筑保护及修复理论与方法。

每门课程上两个学期72学时，每学期期末进行考试。每门课程都由年级设计作业。其中，俄罗斯历史、世界文化史和俄罗斯文化史的作业采用作文形式，其他学科的作业则是制图形式，年级越高，作业难度越大。刚入学的新生在学习世界和俄罗斯艺术史时，要选择制作一件著名作品（包括绘画、版画、拼画或雕塑）的缩小复制品。所复制的作品既可以是俄国的，也可以是外国的，如中国的国画或日本版画等。复制品应附有简短的文字说明，介绍该作品是如何体现时代特点的。

在学习世界和俄罗斯建筑史时，学生们必须对具体建筑和建筑群进行独立的考察。例如，分析某著名古建筑的比例，并展示其与数学的联系；或是研究某个教堂的原始涂层，并总结出色彩运用的规律性。许多学生喜欢对一系列同种功能的建筑进行对比，如比较欧洲和俄罗斯的大教堂，从中找出它们相同和不同。有时研究范围还会更大，如研究某类建筑若干世纪以来在某些特定国家中的发展课题，所有这些研究都采用图纸方式完成。

最复杂的作业是在四年级研究城市建筑史的时候。我们希望最大限度地发挥学生在研究中的创新精神，为此指派他们参加修复那些受到严重毁坏、甚至未能完全保存下来的古建筑群。另外一例是按不同历史时期分析某城市历史建筑的构造。考察的对象通常是历史城市的某些局部，如欧洲城市的花园街、林荫道、东方传统民居、河流在俄罗斯古堡设计中的作用，等等。

由于五年级学生的设计工作较繁重，历史类课程的安排相应减轻，此时安排现代建筑史课程，让学生用论文形式对20世纪著名建筑进行描述，并阐述自己对该建筑的看法。

历史研究与建筑设计教学密切联系

有些人认为，莫斯科建筑学院的历史课程安排过重。有时可能是这样的，但我们的宗旨是把历史研究与建筑设计教学尽可能地密切联系起来。这虽然不是都能办到，但我们坚信，对历史建筑环境和古建筑的重视是建筑文化不可分割的一部分，不学习、不了解历史，未来的建筑师们就无法适应饱含历史的生活环境。

当前历史教学的根本目的

20世纪已经过去了，尽管目前建筑规模越来越大，而我们却并不越来越清楚。未来建筑将是什么样子？无疑，力图创造全新建筑前卫主义有其特有魅力，但我们认为那只是乌托邦式的幻想，而且可能比乌托邦更危险。建筑师很少在绝对空旷的地方搞建筑，每个地方，不论是城市、乡村，还是森林、平原，都有自己的历史，甚至与人类活动无关的地方也有其自然史。这就是历史教学的目的所在。

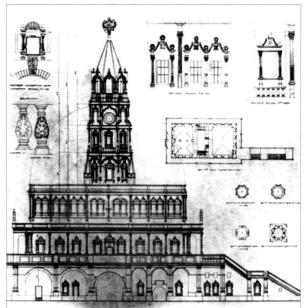
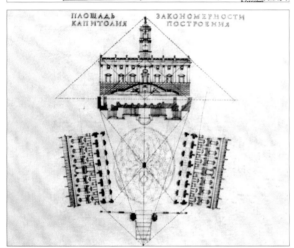
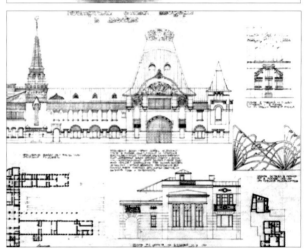
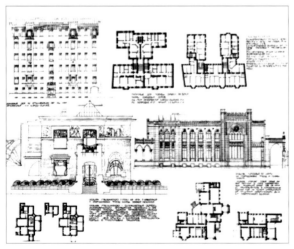
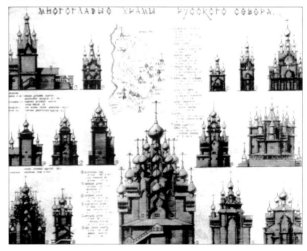

1. 历史建筑构图分析—罗马圣.彼德教堂
   二年级学生：Л.尼盖莱耶娃，Н.索罗
2. 历史建筑构图分析—莫斯科苏霍列夫钟塔
   三年级学生：М.斯切尔杰夫，1995年
3. 城市规划历史分析 罗马帝国广场
   四年级学生：С.吉米特罗夫
4. 历史建筑构图分析—莫斯科新艺术风格建筑
   三年级学生：В.罗曼采夫
5. 历史建筑构图分析—莫斯科新艺术风格建筑
   三年级学生：А.基里延科
6. 俄罗斯北方木结构教堂建筑的构图分析
   四年级学生：А.罗马肯，1987年

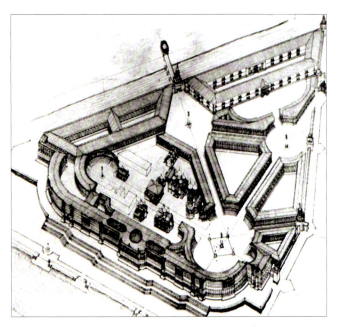

城市规划历史分析—莫斯科克里姆林宫改建规划
四年级学生：B.巴仁诺夫，B.渥尔别耶夫
E.伊万诺夫，1987年

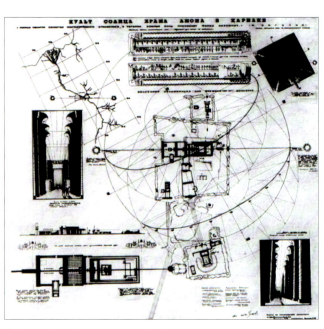

城市规划历史分析—卡拉奇神庙
四年级学生：B.苏博金

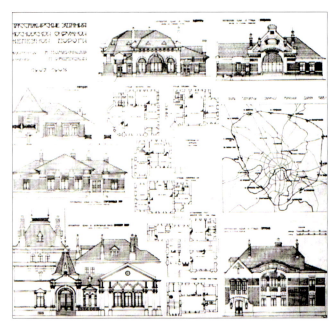

莫斯科火车站建筑分析，1903～1908年
三年级学生：A.斯塔里科夫，1986年

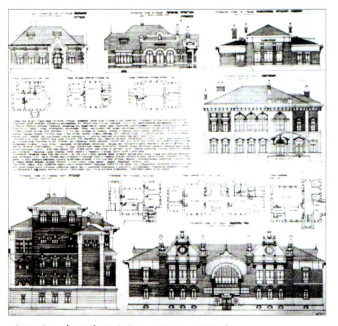

莫斯科火车站建筑分析，1903～1908年
三年级学生：A.斯塔里科夫，1986年

建筑师创造力的培养

3. 木教堂的修复研究
   二年级学生：A.德肯 1985年
4. 莫斯科某教堂的复原模型
   四年级学生：H.舍切格列夫，1986年

1. 木教堂的修复研究
   四年级学生：A.乌兰诺娃，1986年
2. 1982年罗马某剧院的剖面研究
   二年级学生：И.普诺古丁，1982年

平面构成——浅浮雕训练

用字体的大小、形式的变化及阴影关系的处理，突出平面构图的立体效果，使学生掌握由平面向空间过渡的浅浮雕构图能力。此作业是二年级学生为某教堂作的石碑设计。

建筑师创造力的培养 | 131

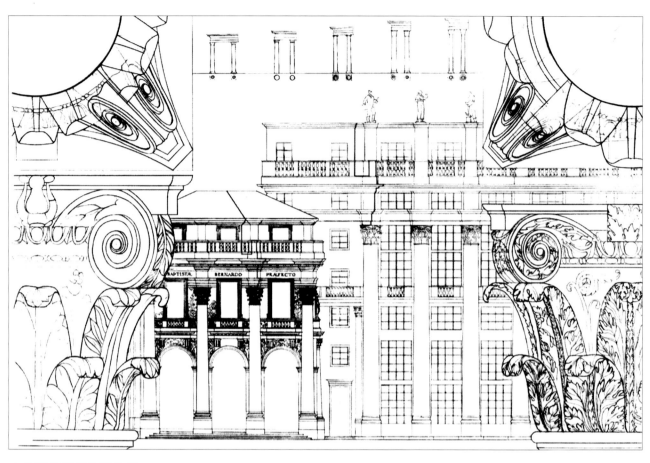

古典建筑细部构图比较
一年级学生：Д.彼特罗夫

建筑细部构图比较
一年级学生：M.罗切戈娃

俄罗斯木建筑细部水墨渲染
一年级学生：M.罗切戈娃

建筑细部构图比较

一年级学生：И.扎伊采夫

建筑细部构图比较

一年级学生：А.伊菲莫娃

古典建筑细部

一年级学生：И.莫科耶夫

风车

一年级学生：Д.舒特别洛夫

建筑师创造力的培养

俄罗斯教堂渲染

一年级学生：E.别列金娜

建筑室内的渲染

一年级学生：B.罗斯托娃

1. 建筑立面渲染训练　　一年级学生：M.舍夫琴科
2. 建筑立面渲染训练　　一年级学生：M.恰斯特诺娃
3. 字体构成图训练　　　一年级学生：И.扎伊利夫
4. 建筑细部渲染训练　　一年级学生：O.巴利娃娅

1	2
3	4

建筑师创造力的培养

1. 建筑室内渲染
   一年级学生：М.格列梅金娜
2. 建筑室内渲染
   一年级学生：И.扎伊利夫
3. 建筑立面渲染
   一年级学生：г.巴甫洛夫

136　建筑师的创造力——初步教育

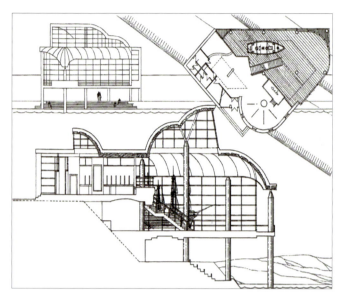

"古船"展览厅

二年级学生：B.沙德林

"建筑结构"题目的构图训练

二年级学生：A.叶拉玛科娃

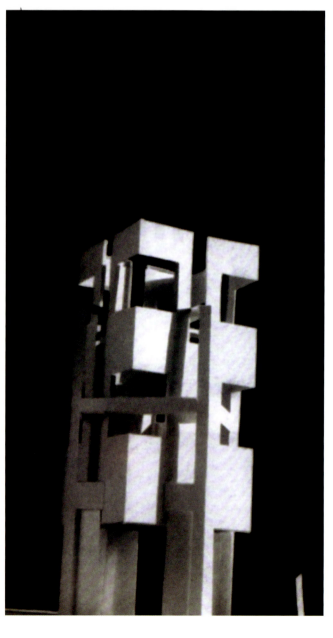

"道路之上"

二年级学生：И.舍德洛娃

建筑师创造力的培养 137

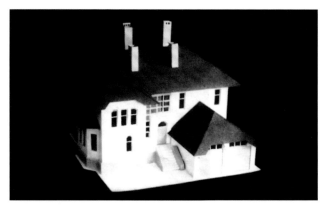

小住宅模型　二年级学生：M.阿利涅娃，1996年

小住宅模型　二年级学生：я.瓦伊特曼，1996年

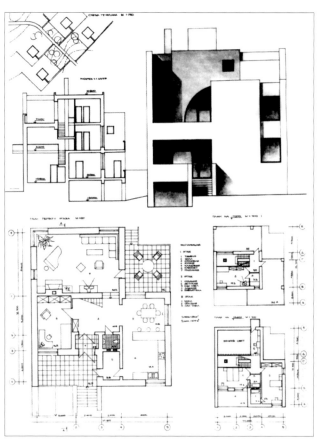

小住宅设计　二年级学生：A.哈拉诺夫斯卡娅，1996年

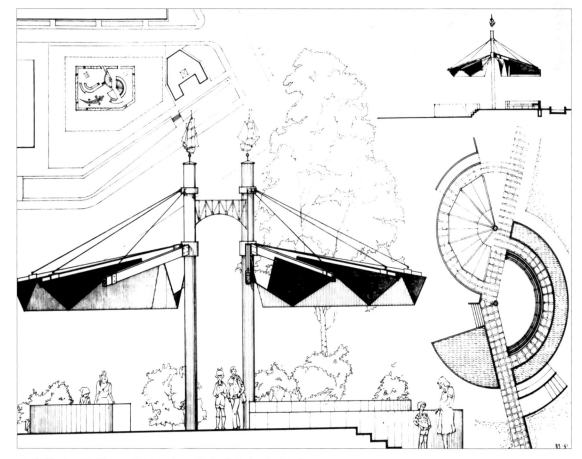

儿童活动场设计　二年级学生：C.巴列科夫，1996年

建筑师的创造力——基础训练

建筑师的创造力——基础训练

B.A.普利什肯　教授

建筑设计是高年级学生——建筑师,学习中的基本科目,这时的学生已获得了一定的建筑知识及技能,形成了构图思维,能够理解建筑客体其构造、空间、形式的本质与规律性,为掌握创作方法、培养创作能力打下了基础。

三四年级的学生都了解了统一的教学大纲。建筑设计的学习课程已列入教学课程:参观已建成的工程、在教授的工作室进行建筑设计实践课。训练的题目是以分类原则为基础,它涵盖了建筑实际中越来越普遍使用的居民楼、公用建筑和生产性建筑的形式,有计划地安排城市和乡村局部的居住环境。在四个学期中每个学生要完成八项设计——俱乐部、消防车库、村庄建筑平面图、博物馆、区级的居民楼、学校、自行车厂、城市居民楼群高层居民楼的建筑平面图。

每项训练中都解决一些功能性、技术性的构图计划问题,其中一项是所给题目的主要部分,并且解决的题目范围,随着学习的深入和扩大而愈见复杂。建筑设计的创作过程在方法上可分为一系列相连续的阶段,每一阶段都确立一定的主题思想:其意图是探寻挑选和解决设计中的问题。

使用的建筑设计题目,教学设计包括国内和国外建筑单位提出的竞赛方案。这可以发挥学生的创作积极性以及检验学生在一定学习阶段构图的专业熟悉程度。

建筑设计——是培养建筑师的核心内容,它集中了技术、历史、经济范畴的课目,这使学生可以领悟,将来在创造建筑客体过程中充当领头人的作用,可解决形象和功能任务的合理并使建筑所有部门的功能问题相协调。

基础训练以完成建筑学学士学位的毕业设计来结束。四年学习期间所获得的知识与技能可使建筑学学士开始从事专业活动或留在学院继续学习,这样,建筑师的创造力及基础训练,就得以完成。

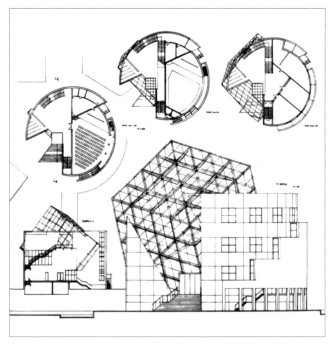

俱乐部模型

三年级学生：B.费拉托夫，1996年

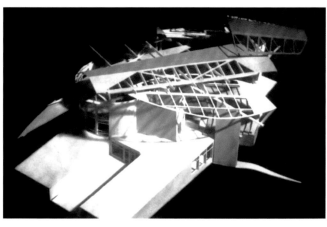

俱乐部模型

三年级学生：п.列雅姆佐夫，1996年

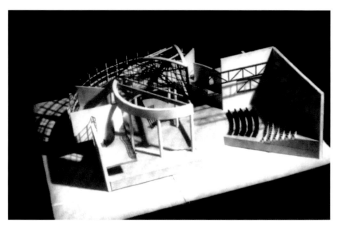

俱乐部模型

三年级学生：г.巴利索娃，1996年

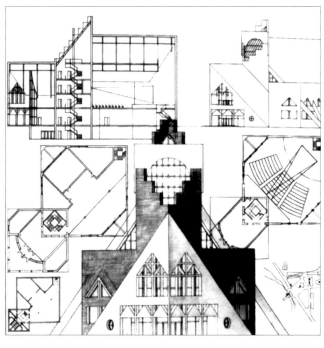

俱乐部模型

三年级学生：M.哈莫格罗夫，1996年

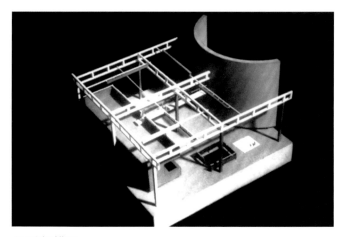

俱乐部模型

三年级学生：A.列别捷夫，1996年

建筑师创造力的培养　141

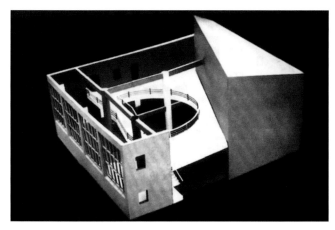

俱乐部模型

三年级学生：C.卡维林娜，1996年

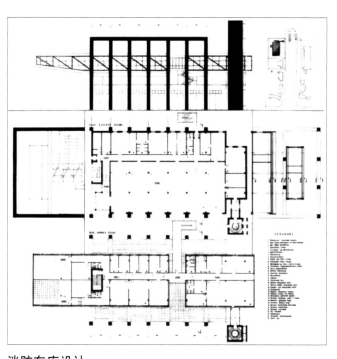

消防车库设计

三年级学生：A.列温松，1996年

俱乐部模型

三年级学生：N.格里佐夫，1996年

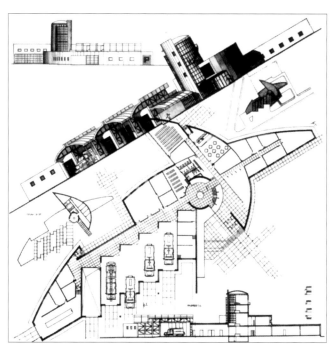

消防车库设计

三年级学生：A.特拉夫肯，1996年

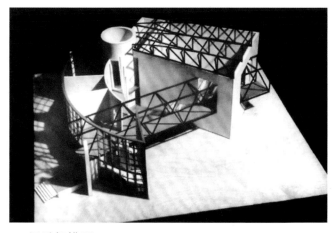

俱乐部模型

三年级学生：A.拉曼诺夫，1996年

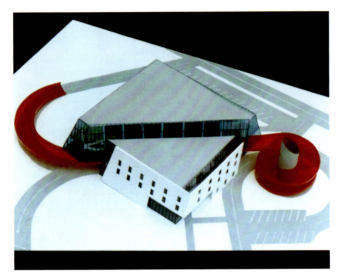
消防站设计 三年级学生：N.马缅卡，1998年

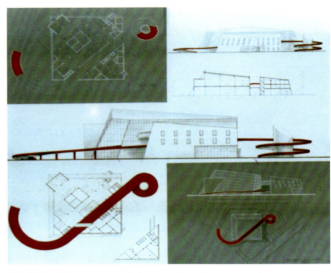
消防站设计 三年级学生：N.马缅卡，1998年

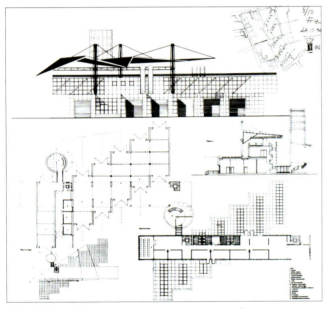
消防车库设计 三年级学生：A.彼得诺维奇

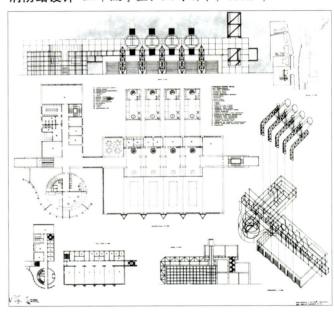
消防车库设计 三年级学生：Л.巴里索娃

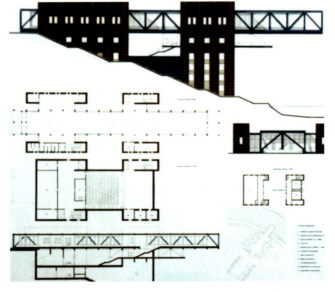

俱乐部模型设计 三年级学生：Б.伊莲缅卡，1998年

建筑师创造力的培养 143

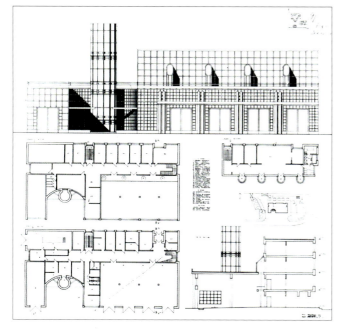

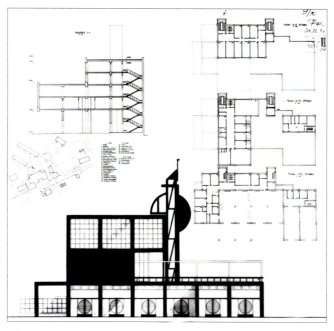

消防车库设计　三年级学生：A.哈拉诺斯卡娅，1998年　　　消防车库设计　三年级学生：A.别斯马罗娃，1998年

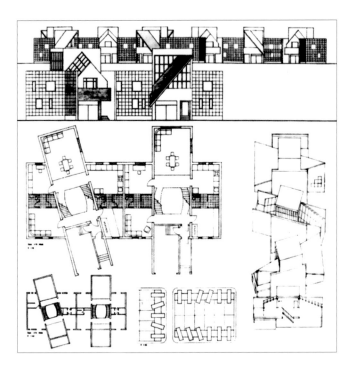

低层住宅设计

三年级学生：E.巴利索娃，1997年

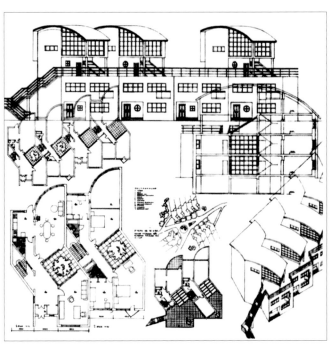

低层住宅设计

三年级学生：A.吉马什科维奇，1997年

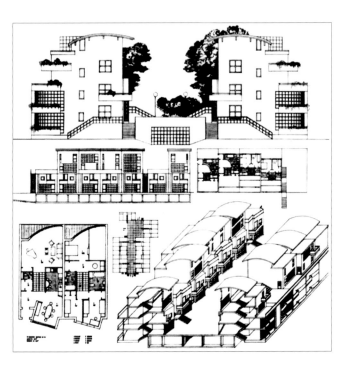

低层住宅设计

三年级学生：C.卡维林娜，1997年

建 筑 师 创 造 力 的 培 养　145

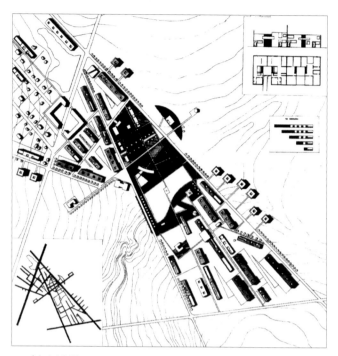

村庄设计

三年级学生：E.热多夫斯卡娅，1997年

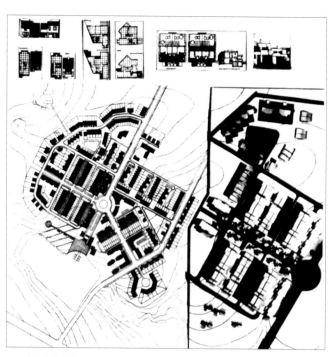

村庄设计

三年级学生：E.巴利索娃，1997年

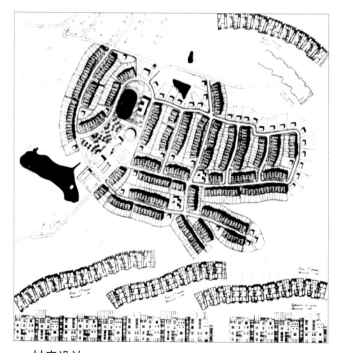

村庄设计

三年级学生：Ю.格利什娜，1997年

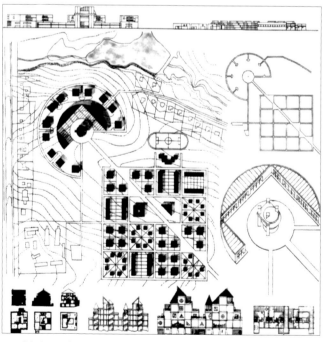

村庄设计

三年级学生：C.弗拉罗娃，1997年

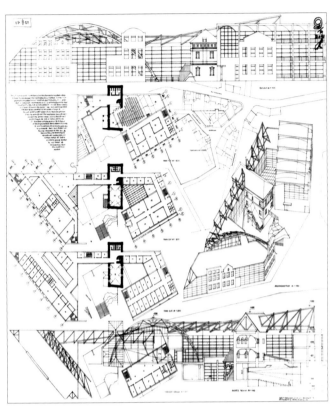

某中学设计

四年级学生：П.热列兹诺夫，1997年

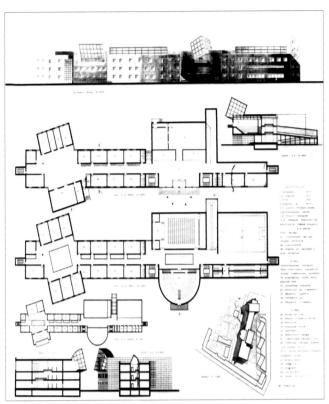

某中学设计

四年级学生：Г.巴亚里诺夫，1997年

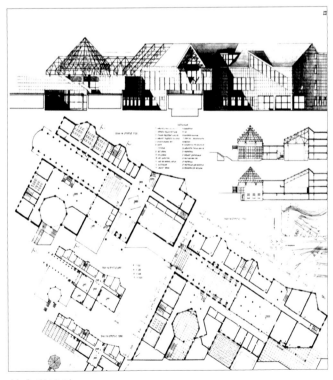

某中学设计

四年级学生：П.阿金佐夫，1996年

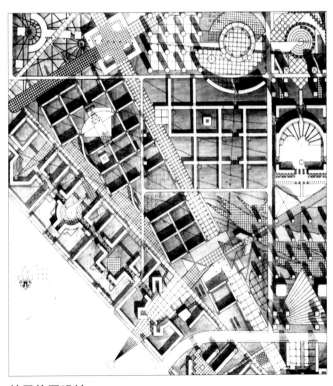

某居住区设计

四年级学生：Д.舍利斯特，1983年

建筑师创造力的培养 147

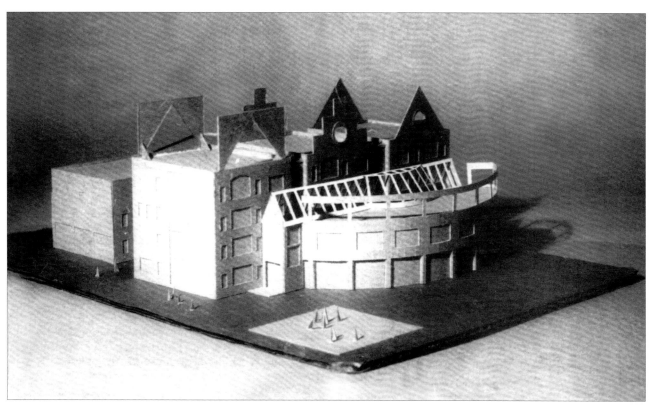

学校设计模型
四年级学生：H.霍米尔，1987年

某纪念碑设计草模
四年级学生：A.阿什，1990年

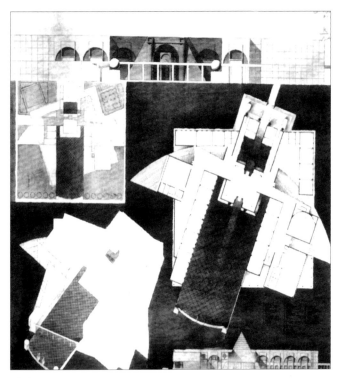

某中学设计

四年级学生：Д.舍列斯特，1983年

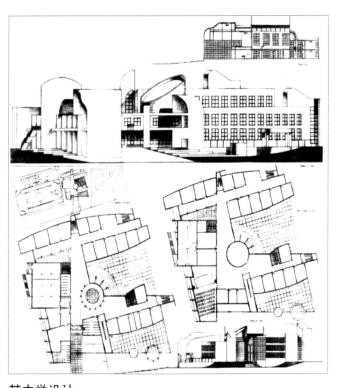

某中学设计

四年级学生：A.那格维金，1996年

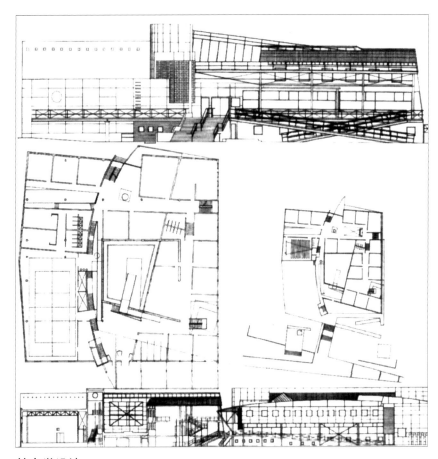

某中学设计

四年级学生：E.巴西罗娃，1996年

建 筑 师 创 造 力 的 培 养 | 149

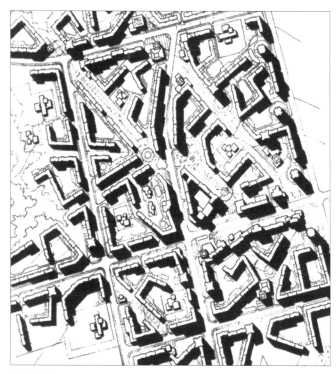

居住区

四年级学生：O.巴兰诺娃，1996年

居住区

四年级学生：Л.阿金佐娃，1996年

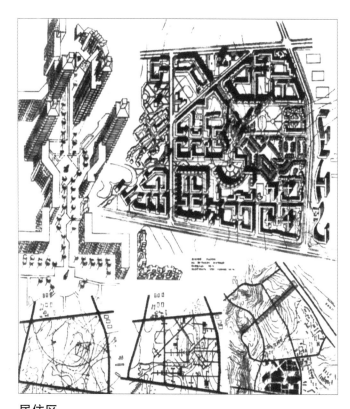

居住区

四年级学生：Л.阿金佐娃，1996年

居住区

四年级学生：O.巴兰诺娃，1996年

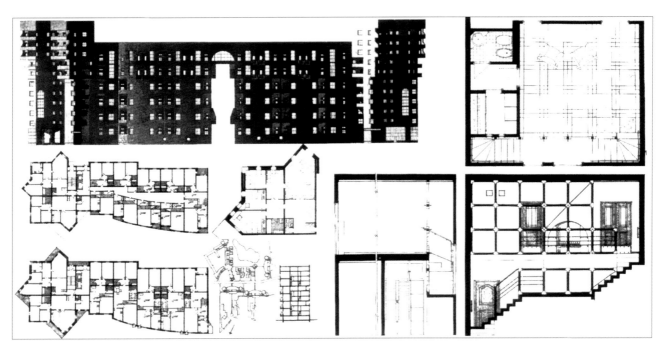

多层住宅
四年级学生：A.巴拉托娃，1997年

多层住宅
四年级学生：A.安东诺维奇，1992年

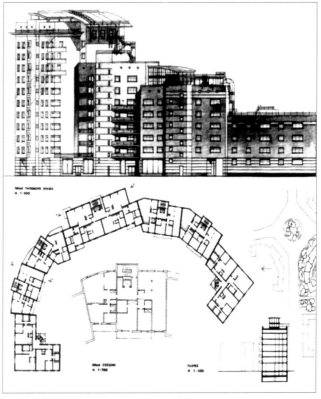

多层住宅
四年级学生：E.卡夫舍里，1992年

多层住宅

四年级学生：E.巴列依，1997年

多层住宅

四年级学生：E.巴列依，1997年

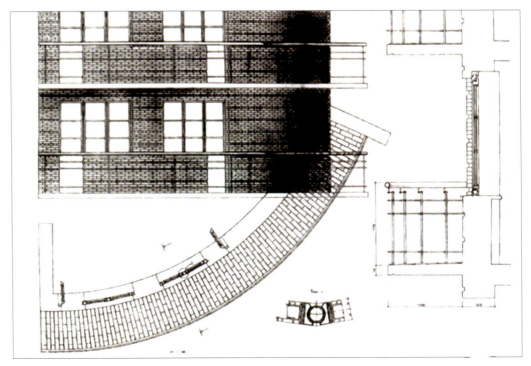

建筑师的创造力——建筑教育专业化

建筑师的创造力——建筑教育专业化

О.Д.伯列斯拉夫切夫　教授

建筑教育专业化，是莫斯科建筑学院建筑师职业教育的最后一个阶段。它主要是针对未来的建筑师专业特点而设置的，完成于五六年级的专业化教育课程中。

此阶段的职业建筑师技能训练，不仅是一些教学课目的改变，而且是建筑学专业教育方法的转变。在莫斯科建筑学院，建筑教育专业化的教学已取得一些经验，教学方法的科学性与实践性研究获得了丰硕成果。建筑教育专业化为学生提供了专业倾向的自由选择。建筑专业分门别类化的专项训练，提高了学生专业方面的个人兴趣，并且形成建筑专业创作的专业化意识及自觉行为。

莫斯科建筑学院职业建筑师培训的特殊性，包括在基础教育和培养职业建筑师与建筑硕士的专业教育框架之中。

学生按自己的志愿可选择如下专业：
- 住宅和公共建筑专业
- 城市规划专业
- 景观建筑专业
- 工业建筑专业
- 古建筑的修复与保护专业
- 村镇建筑设计专业
- 室内建筑设计专业
- 建筑历史理论专业
- 城市规划理论专业
- 城市环境设计专业

每一个专业都有自己的专业理论课，比如建筑设计与理论研究（理论、历史、建筑学专业）。而在学生最多的"住宅与公共建筑系"，每学期要完成一个建筑群设计，城市居住区规划设计，并附有其单元住宅的详细设计及其立面设计；800座剧院设计，附有重要厅、室内设计；可容纳1000人的室内网球场设计等等。这些作品具有固定的科研项目，允许平等讨论，要求学生用文字阐明所设计并被采用的建筑方案。

不同的专业，其理论研究和设计活动的侧重点不同，但专业任务、教学过程的组织以及建筑教学活动计划方式是确定的。在专门化教育阶段，允许学生研究以上各专门化领域中最新的研究成果。

毕业设计是专业培训的最后阶段，毕业生在教师指导下完成，并在国家专门委员会上答辩。莫斯科建筑学院的毕业生具有独立设计、自由选择毕业设计专业项目的权利。

建筑师专业化教育方向之一——居住建筑设计专业

建筑师专业化教育方向之一
——居住建筑设计专业

Л.Е.普若宁　教授

莫斯科建筑学院，非常重要的一个专业化教育训练方向就是居住建筑设计的教育。居住建筑设计训练被贯穿于每学期的教学计划中：

第4学期——独户住宅设计。

第5学期——中、低层单元式住宅设计（高于四层）。

第8学期——城市发展中的多层住宅建筑设计。

第9学期——小城镇或城市中的多功能居住建筑综合体。

这种由浅入深的训练过程，专业训练变得越来越复杂。学生为适应这种需求，应广泛研究住宅建筑设计的各种方法与理论，其中包括：居住建筑的社会性问题研究；城市规划条件与自然条件相关联的场地分析，建筑材料的选择及建筑结构与构造的处理；住宅的经济问题。住宅建筑的通风、采光、日照，等等。这些问题的研究，使学生对多功能建筑综合设计的方案成为现实，体现了学生对建筑及其他相关学科的跨学科研究。

对于住宅建筑的空间设计、建筑造型、现代建筑语言应用，学生的设计作业体现了强烈的关注和个性。

第9学期初，完整的职业教育训练已使学生初步掌握了足够的专业知识与技能。将居住建筑群或住宅综合体，作为城市环境的有机组成元素，考虑城市合理组织中的历史文脉关系——基于这种目标的居住建筑专业训练，就基本完成了。

著名苏联建筑大师A.K布洛夫，曾经说过："人类建筑活动的最初构筑物就是住宅。建筑源于住宅，城市亦源于住宅。"莫斯科建筑学院坚信并以此作为居住建筑教育的目标，培养学生担负起建筑学专业的光荣责任。

建筑师专业化教育方向之一——居住建筑设计专业

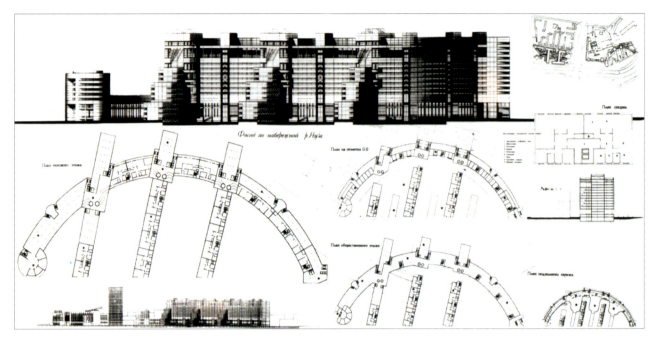

雅吾兹综合居住建筑群设计
五年级学生：Д.希多夫，1996年

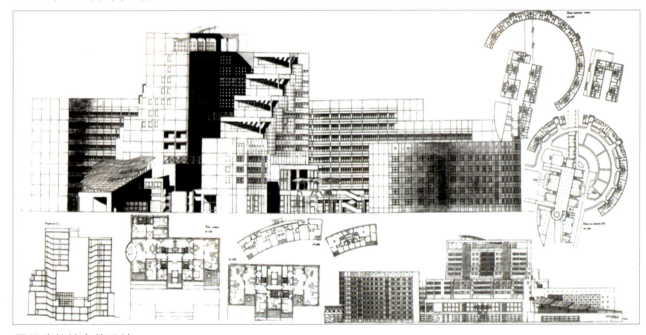

居民建筑综合体设计
五年级学生：И.巴波克，1996年

雅吾兹综合居住建筑公共部分室内
五年级学生：Д.希多夫，1996年

建筑师创造力的培养　157

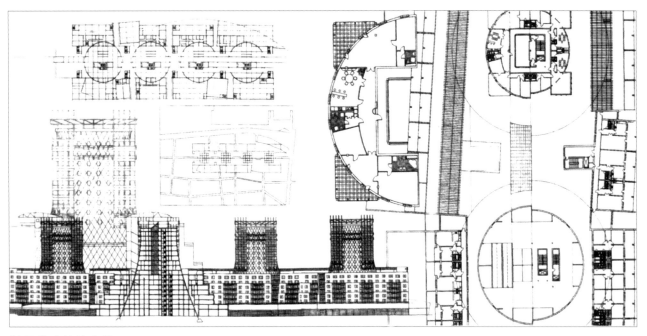

某居住建筑综合体

五年级学生：Ц.别勒维霍，1996年

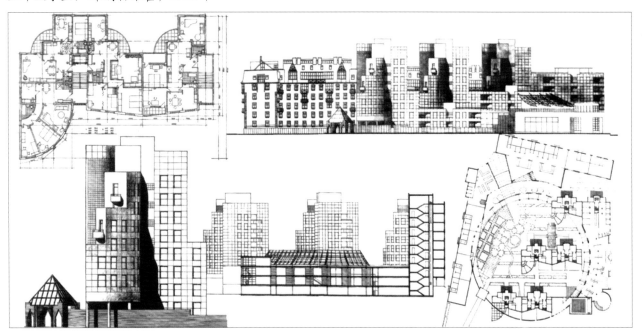

某居住建筑综合体

五年级学生：Е.伊舒肯娜，1996年

某居住建筑群公共部分室内设计

五年级学生：О.别勒维霍，1996年

建筑师专业化教育方向之一 —— 居住建筑设计专业

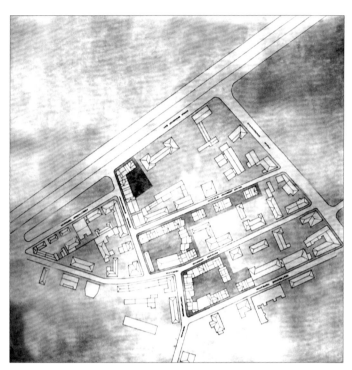

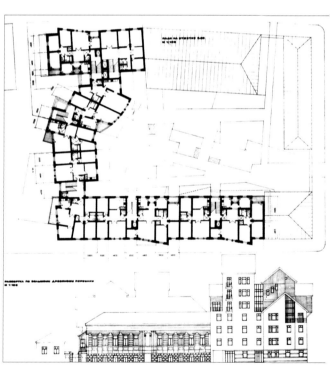

毕业设计——1995 年　莫斯科乌里杨诺夫斯基区重建
作者：A.M.弗尔姆诺娃
导师：B.A.普里什步 教授
　　　C.B.罗曼诺夫 副教授
　　　Γ.B.列别捷娃 副教授
结构导师：B.A.卡兹别克－卡基耶夫 教授

建筑师创造力的培养

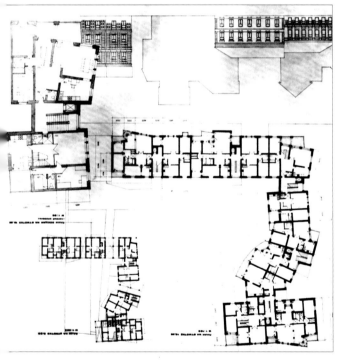

设计反映当代趋势——在历史城市的保护和重建部分，重新组建已有建筑物。地段的感悟是该设计作者的基本成就。它决定建筑的外形、层数，决定立面与造型的风格。应用建筑元素的引文，按照功能，组织规划多种可能的建筑群，其中包括住宅建筑、办公建筑，由这种社会发展类型的任务所决定。

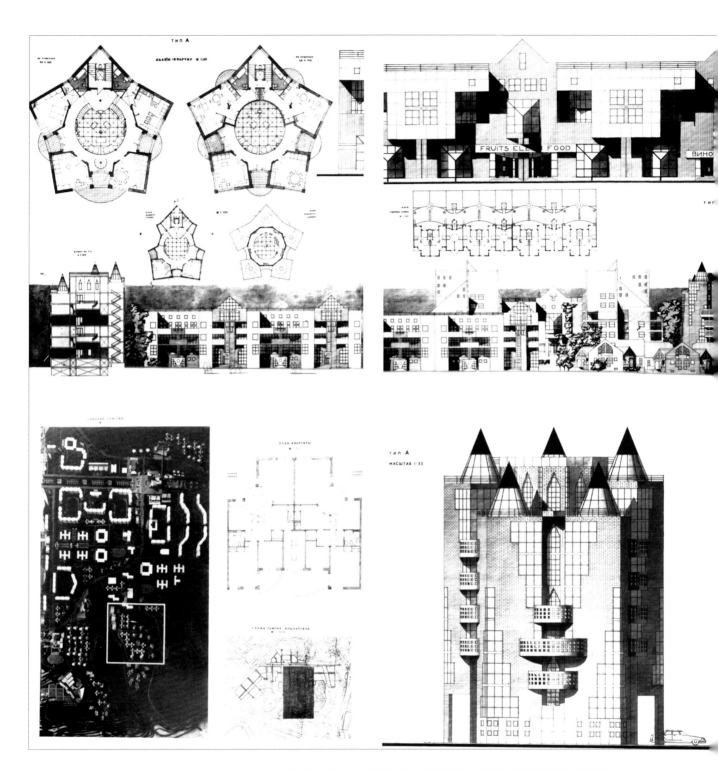

毕业设计——1994年　莫斯科克里拉萨斯基商业住宅区
作者：E.г.尼科里丝卡娅
导师：З.B.别图尼娜 教授
　　　Т.A.加科诺娃 副教授
　　　C.Я.谷谢夫 建筑师
结构导师：Т.И.基里洛娃 副教授

建筑师创造力的培养

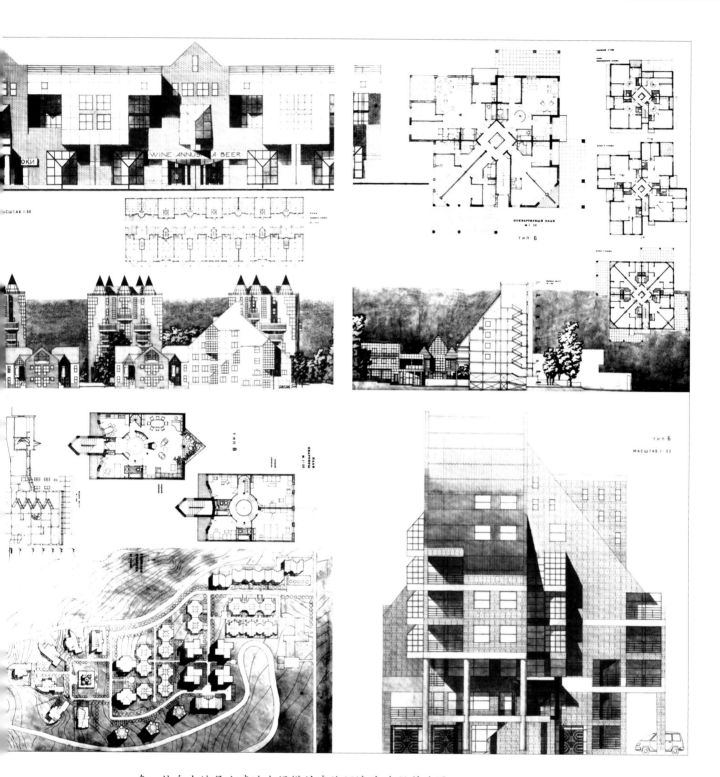

在一块自由地段上建造大规模的建筑环境时，本设计力图解决莫斯科克里拉特斯基真实居住区"人性化"问题。层数和类型不同的建筑中新型高密度建筑群事先设想了几种社会类型的住户，建筑群中包括指定的商业住宅。对象设计特别注重立面造型的丰富，轮廓的优美，建筑群的优雅，这种设计在莫斯科早期的建筑实践中是极普通的一种方法。

建筑师专业化教育方向之一——居住建筑设计专业

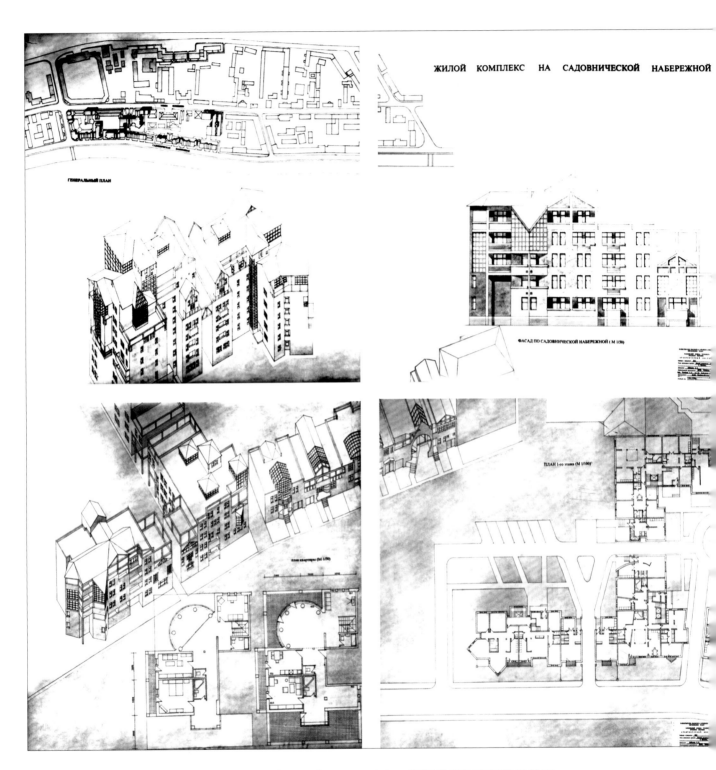

毕业设计——1995年　莫斯科花园宾河路居住区
作者：Е.Е.扎一切娃
　　　　В.А.普里什肯　教授
　　　　С.В.罗曼诺夫　副教授
　　　　Г.В.列别捷娃　副教授
结构导师：Э.А.卡兹别克－卡基耶夫　教授

　　设计主要解决莫斯科中心地带"莫斯科近邻"的建筑群的修复任务,这是迄今保存最完整的莫斯科历史建筑环境。作者在这一地段建造适合社会阶层的舒适住宅,从而恢复了住宅建设。庭院的比例、建筑的层数及建筑风格在许多方面取决于该地段的传统。精心设计了各种类型的住宅楼:封闭式的、单元式的。建筑必须的基础设施、商业建筑、文化建筑、停车场,确定当代城市居住区组织水平的所有配套建筑。

164 建筑师专业化教育方向之一——居住建筑设计专业

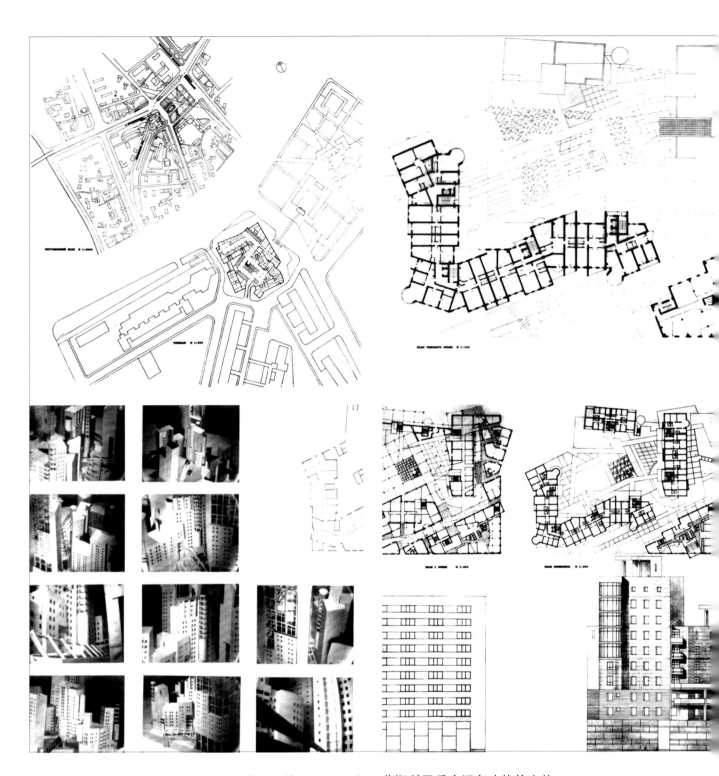

毕业设计——1995年　莫斯科民兵广场多功能住宅体
作者：Ю.В.卡米诺娃
导师：В.А.普里什肯 教授
　　　С.В.罗漫诺夫 副教授
　　　Г.В.列别捷娃 副教授
结构导师：З.А.卡兹别克-卡基耶夫 教授

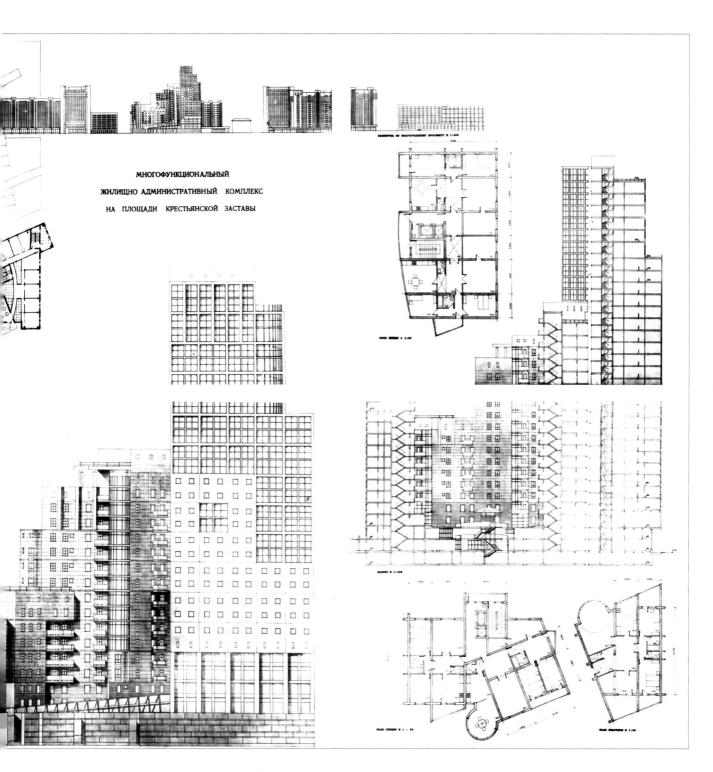

　　由于地段的复杂,新建筑的空间具有多功能性;其空间形式取决于其周围建筑的不同空间风格与艺术特征相和谐。建筑群确定为:底层设停车厂和商场;高层设写字楼;内院为居住区。造型丰富的立面和具有活力的轮廓,加强了建筑群在莫斯科重建花园广场中复杂空间的主导作用。

建筑师专业化教育方向之一——居住建筑设计专业

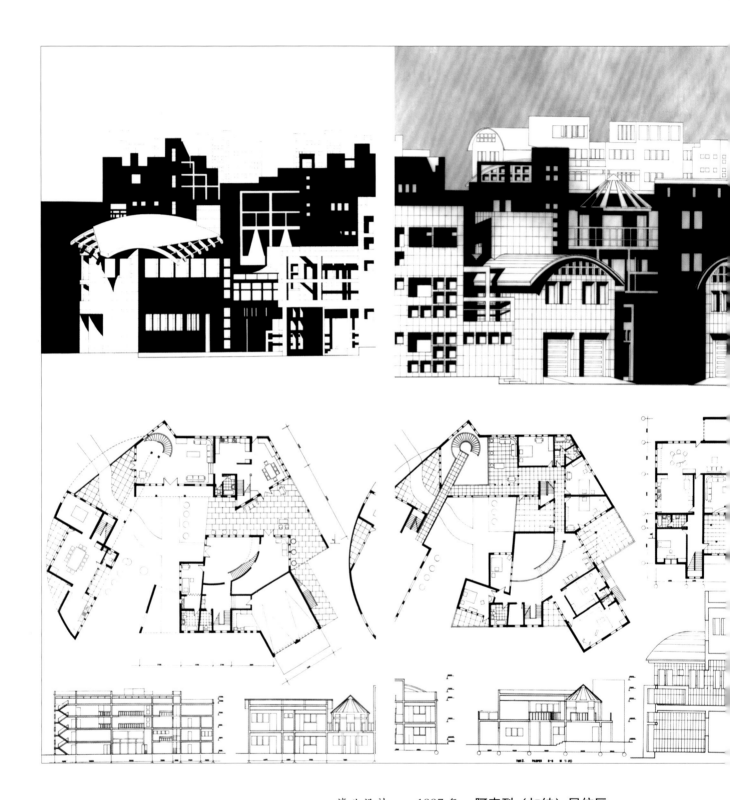

毕业设计——1997年　阿克列（加纳）居住区
作者：阿杜库·宾扎门
导师：О.Д.勃列丝拉夫切夫 教授
　　　А.А.米歇 建筑师
　　　Ю.А.特霍维奇内 教授

建筑师创造力的培养

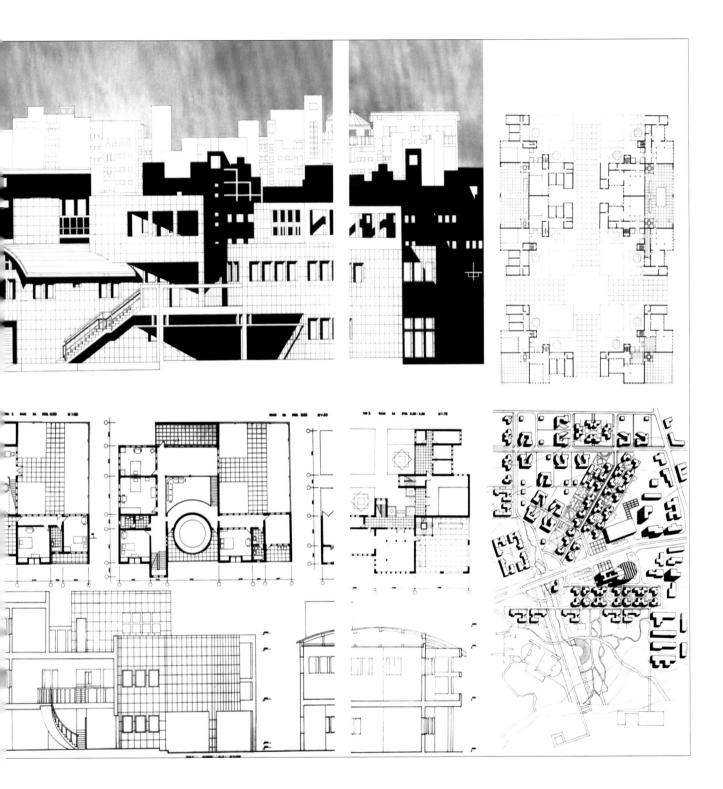

　　作者力求综合解决加纳首都中心区的建筑问题,建筑高密度住宅,其形式不同于社会文化中心,要把他们统一在同一水准上,同时还要考虑民族建筑传统与当代世界建筑成就。该设计给人的深刻印象是使用了明亮的色彩。

168 建筑师专业化教育方向之一——居住建筑设计专业

毕业设计——1994年 为高密度建筑区设计的住宅楼
作者：Г.В.别卡里
导师：Э.В.别图尼娜 教授
　　　Т.А.佳科诺娃 副教授
　　　С.Я.谷谢夫 建筑师
结构导师：Т.И.基里罗娃 副教授

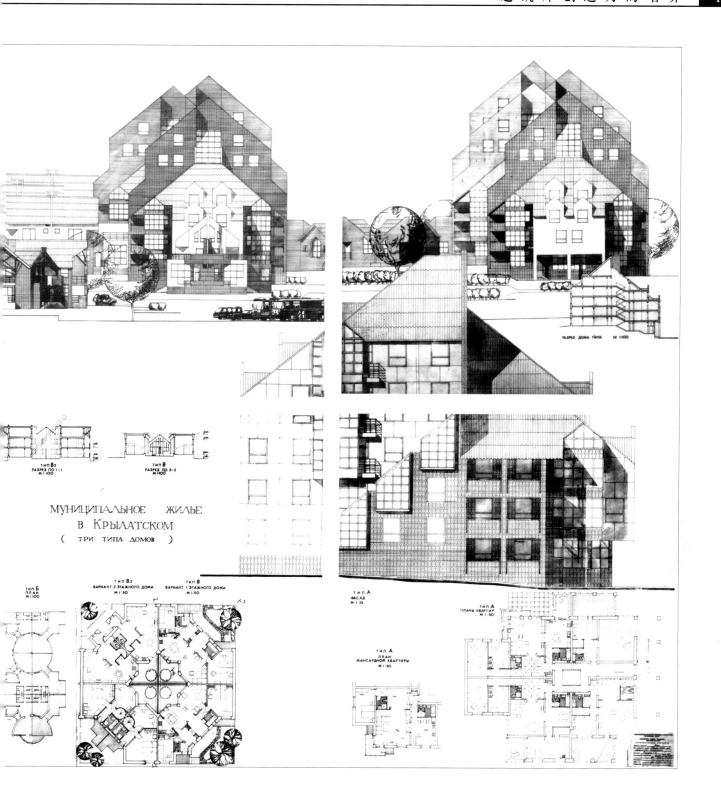

　　作者决定借助中层与部分高层的网状高密度建筑,恢复现代城市环境。这些建筑结构在新的建筑环境中是重点。居住区建筑有丰富的立体艺术,这些立体艺术造型轮廓鲜明,与旧街区单调的高层建筑形成强烈反差。

建筑师专业化教育方向之一——居住建筑设计专业

毕业设计——1996年　独立式住宅
作者：O.B.戛拉尼娜
导师：P.B.茵布科夫 教授
　　　Γ.B.列别捷娃 副教授
结构导师：A.E.马耳琴奇克 副教授

建筑师创造力的培养

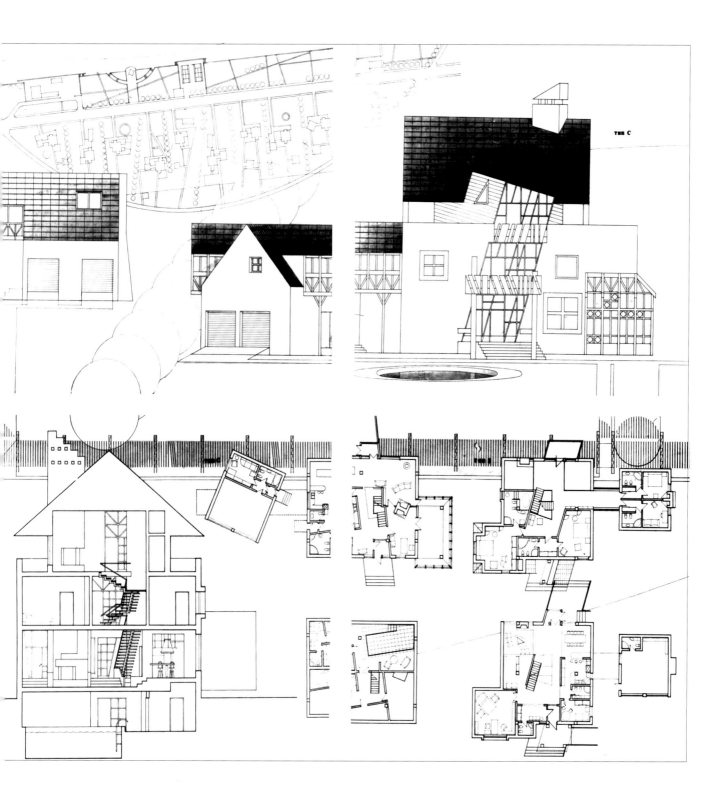

居住于城市近郊舒适的独立式住宅中,已成为大多数城市居民的迫切要求。本设计通过在新地段建造较小的独户住宅居民点来解决前述问题。这在简洁的外观里包含了丰富的内涵,因而满足了新住宅需求者各种文化的和审美的需求。

建筑师专业化教育方向之二——公共建筑设计专业

建筑师专业化教育方向之二
——公共建筑设计专业

B.A.普利什肯 教授

莫斯科建筑学院的学生,应在毕业前四个月熟悉毕业设计题目并开始相关的工作。毕业设计工作在最后一个学期的暑假前一个月开始布置。开学后的第一个月是毕业前设计,在毕业前设计开始之前,每个学生应选择毕业前设计的研究领域并确定毕业设计题目。

公共建筑设计专业,毕业前的设计是在建筑设计研究室进行的。毕业前设计应接近学生自己所选择的毕业设计题目。在毕业前设计这一阶段中,每个学生应熟悉各个教研室的研究工作,制定详细的毕业设计计划,确定毕业设计题目。其内容主要包括:场地选择、基址分析、环境研究、草图模型分析等。这种训练的结果为:学生必须提交关于毕业设计选题的研究论文报告;提交毕业前各门考试的合格成绩;并应对毕业设计的技术问题、设计的结论成绩进行必要的论证预测。

学生所选择的毕业设计题目,最终由学院的毕业设计答辩委员会的专家审定,这些公共建筑设计题目包括公众性建筑(如学校、医院、商业中心等,也包括一些特殊用途的公共建筑,如体育设施、高等教育组织、宾馆、剧院、机场等)。这些毕业设计题目都是真题,有现实的环境、真正的开发计划。

公共建筑设计系还要收集近一年来最有意义、最现实、即将被设计或建造的项目资料,作为公共建筑专业设计毕业题目。这些题目经常与大城市某些区域的改造相联系。这些设计题目经常提出新与旧、传统与现代的问题。尽管这些题目大多与莫斯科相联系,但是也包括许多受其他特定条件(如气候条件、地方条件等)限制、在前苏联其他范围内的建筑设计课题。

毕业设计图纸要求有总平面图、各层平面图、不同的立面与剖面图、轴测或透视图、以及各种尺度的模型。所有的图纸和相关文字、文件都将由专业的结构工程、设备、技术经济专家审核。

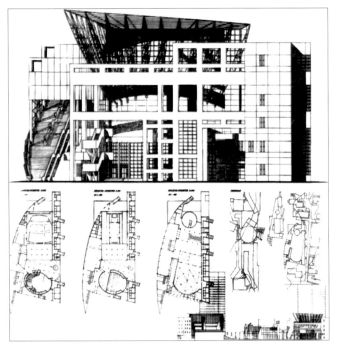

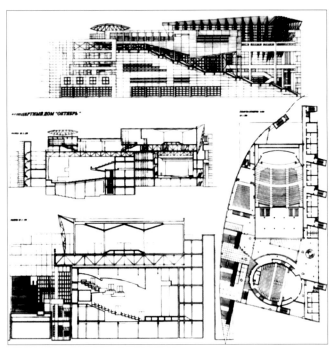

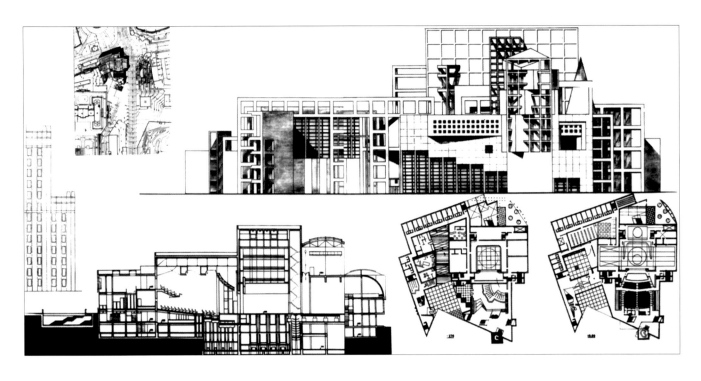

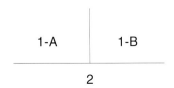

1.A-B 新阿耳巴特夫街的剧院　　　2.红岸剧院
五年级学生：O.别勒维霍　　　　五年级学生：K.垫夫拉金
导师：E.C.普舒　　　　　　　　　导师：B.B.阿吾洛夫
　　　T.Б.那巴科娃　　　　　　　　　　C.A.龙金
　　　T.A.佳科诺娃　　　　　　　　　　B.И.吾尔雅诺夫

建筑师创造力的培养

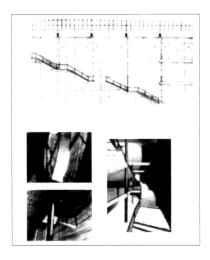

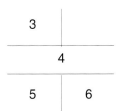

3	
	4
5	6

3.剧院室内
　五年级学生：H.高琳娜
　导师：C.B.罗曼诺夫
　　　　A.A.米西
4.新阿耳巴特夫街的剧院

　五年级学生：H.格罗温娜
　导师：E.C.普宁
　　　　T.Б.那巴科娃
　　　　T.A.佳科诺娃
5.剧院室内
　五年级学生：D.比拉申科
　导师：C.B.罗曼诺夫
　　　　A.A.米西
6.剧院室内
　五年级学生：Г.鲁涅夫
　导师：C.B.罗曼诺夫
　　　　A.A.米西

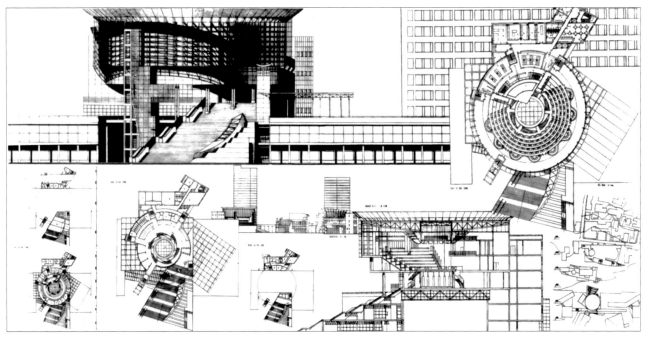

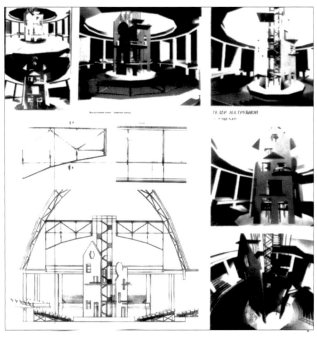

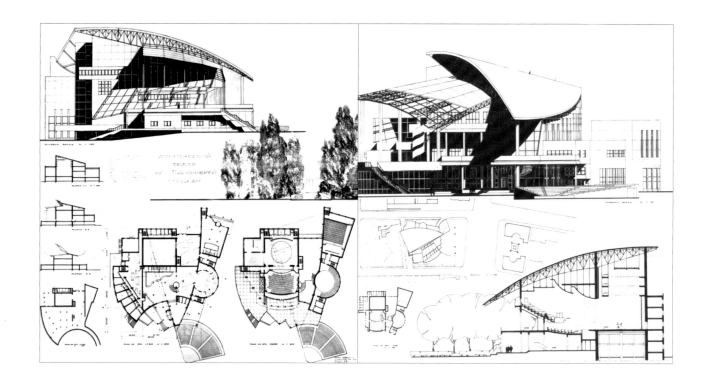

普希金广场戏剧院
毕业设计——1992年
作者：K.B.拉尼娜
导师：З.В.别林尼娜
　　　C.A.古舍夫

　　剧院设计结合广场的规划布局，通向广场的一侧，强调开放性；剧院西部以敞廊、平台等手法营造面向广场的视野通透性，剧院东北侧利用下沉广场形成室外露天演出空间，这样把剧院的演出延伸到室外。
　　建筑造型以大网架弧行屋顶覆盖剧场建筑，这样形象标识感强。

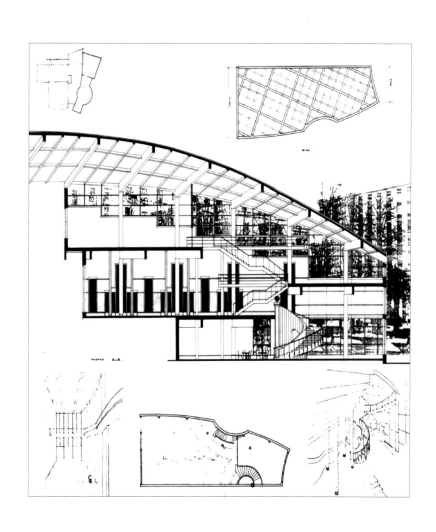

建筑师创造力的培养

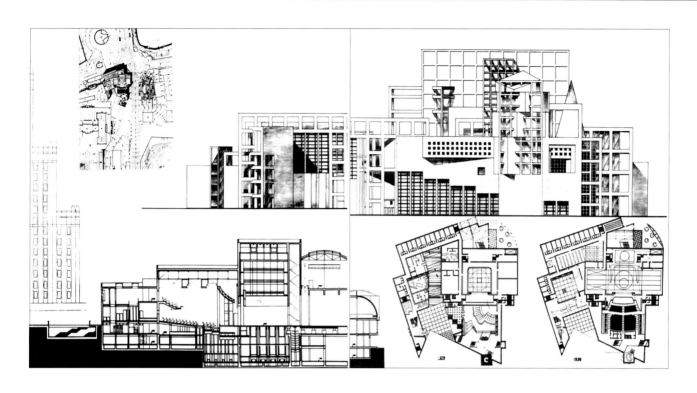

库德林斯基广场剧院
毕业设计——1992年
学生：K.A.拉瓦列仁
导师：B.A.普利什肯
　　　C.A.古舍夫

剧院坐落于广场临街的转角处，作者注重此转角的城市景观效果，用了大量建筑构造语言塑造现代剧院建筑的形体特色，并且与其南侧的一幢斯大林时代风格的高层居民建筑形成呼应。在剧院大厅的设计中，作者利用现代空间的穿插与渗透营造了剧院大厅的气氛，室内透视图以简洁的线条表达了作者的空间想像力。

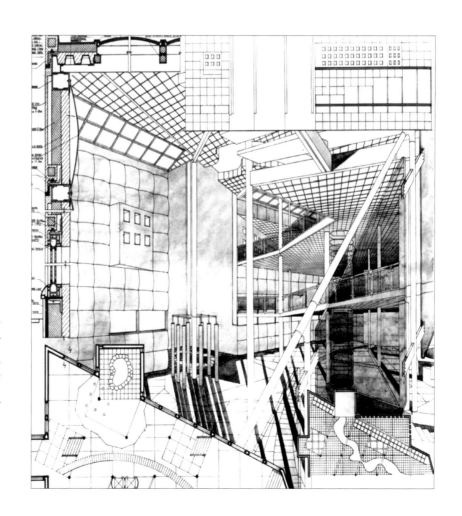

建筑师专业化教育方向之二——公共建筑设计专业

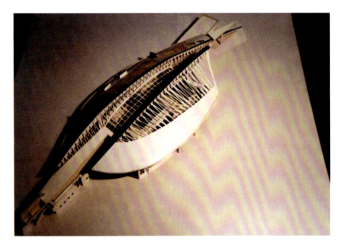
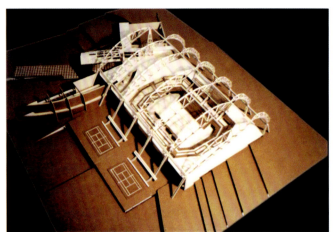
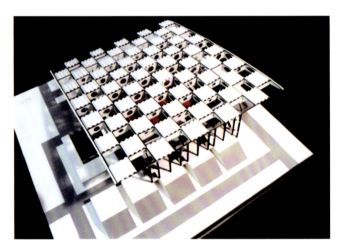

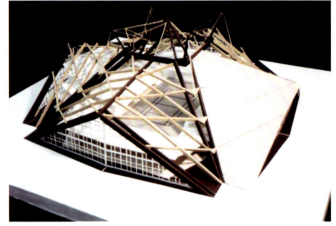

1	2
3	4
5	6

建筑师创造力的培养 | 179

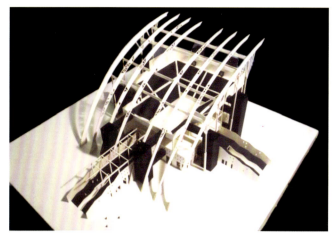
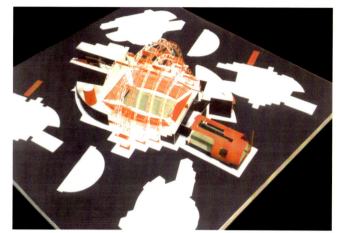

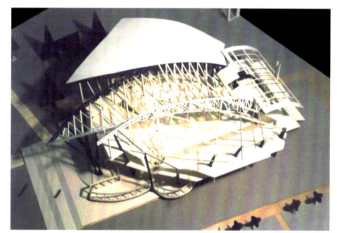
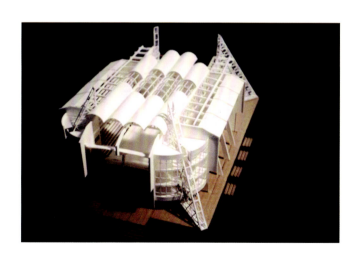

7	8
9	10
11	

图1～11是公共建筑教研室，在学生毕业设计前的一个毕业设计准备。要求学生独立完成室内网球馆的设计，主要训练学生大跨度空间的创造能力。学生应用不同的大跨度空间的结构形式，创造性地提出不同的空间造型形式，将技术与艺术完好地结合在一起。学生结合不同的地段、不同的造型手法，创作出完整的比较合理的方案，达到了毕业设计准备的要求。此设计时间为两周，要求学生完成模型与相关的图纸1张，图纸尺寸为1m×1m。

毕业设计——1997年
航空航天沙龙
作者：P.萨里那丝
导师：H.A.费加耶娃 教授
　　　T.A.加科诺娃 副教授

该建筑群设计是展示本国航空航天成就的设计，其设计含：展厅、饭店、商贸俱乐部和多层博物馆。该建筑群很注重艺术形象，展厅采用梯形，可从电梯厢和专门的走廊观看广场。

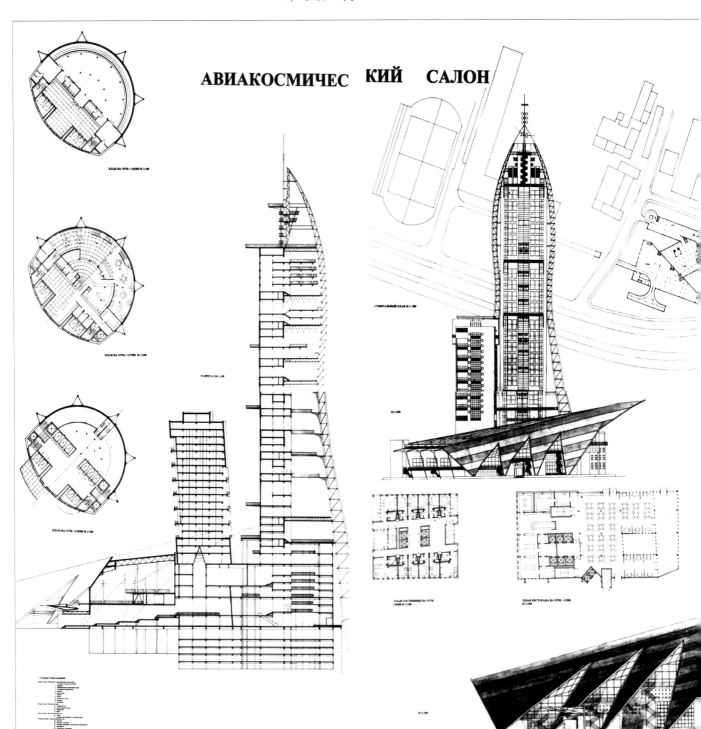

建筑师创造力的培养 181

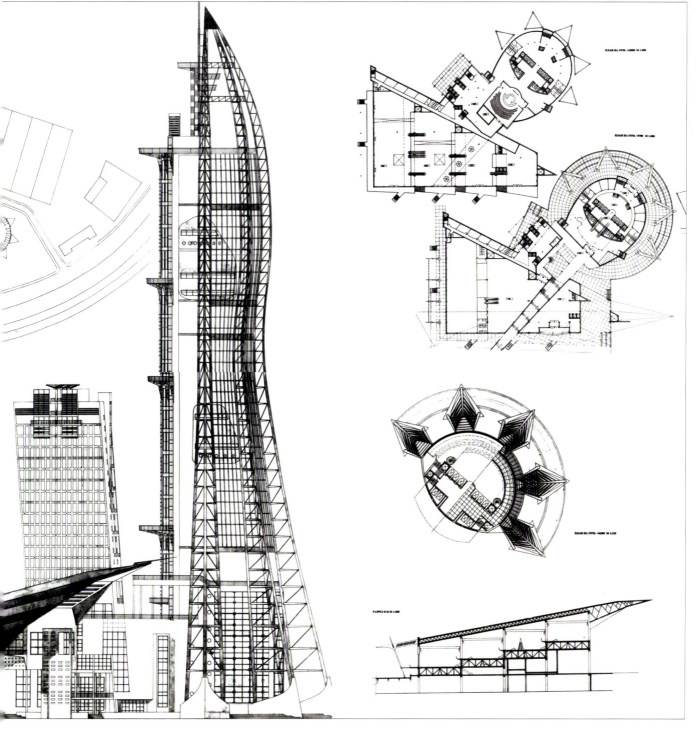

建筑师专业化教育方向之二——公共建筑设计专业

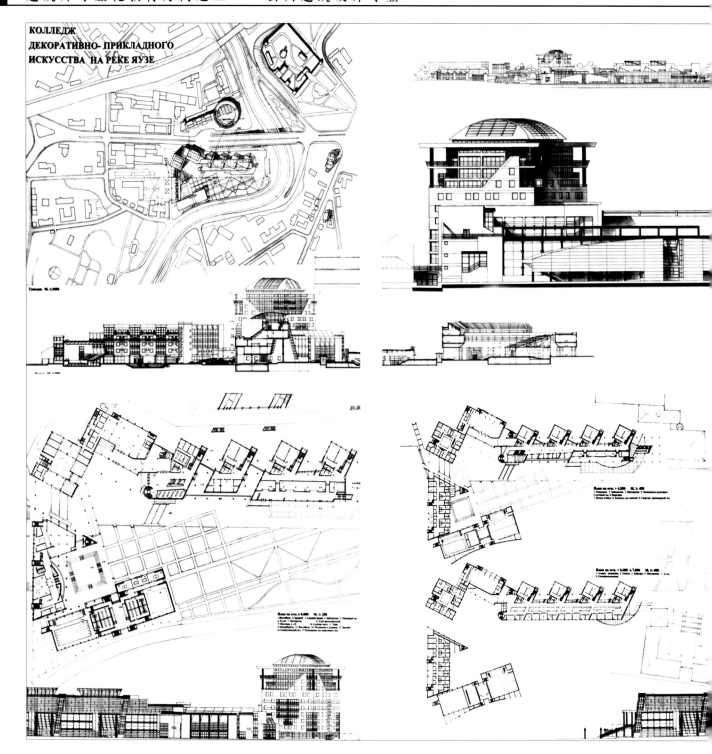

毕业设计——1997年
儿童教育和艺术中心
作者：E.H.彼特罗夫斯卡娅
导师：H.A.费加耶娃 教授
　　　Г.A.加科诺娃 副教授
结构导师：П.B.舒尔姆亚娜 副教授

雅吾兹河岸的儿童教育与艺术综合中心位于景观优美的河岸西北侧。设计者很好地利用了河岸的景观特色，

建筑师创造力的培养

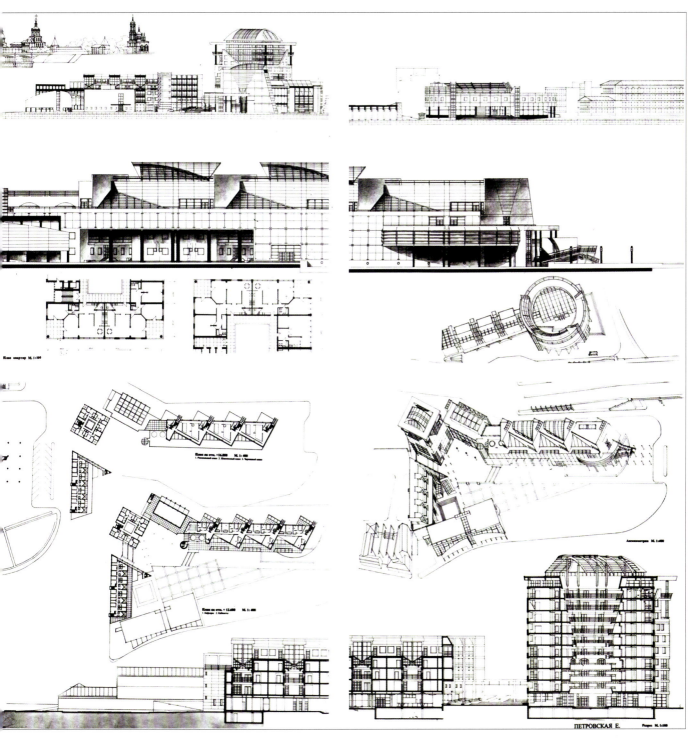

面向河岸一侧被开辟为一景观公共广场，该产物很好地将景观开敞与公共空间引入建筑综合中心中。建筑造型起伏得当，屋面帆形造型与城市轮廓线相一致，并富有极强的动感，塑造了儿童教育与艺术中心强烈的造型特征，符合儿童心理学的需求。在造型细部处理上，设计者展示了娴熟的构成手法。建筑综合中心的功能流线合理，建筑整体布局完美地契入了城市环境中。

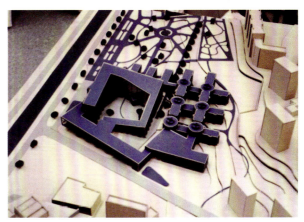

建筑师专业化教育方向之二 —— 公共建筑设计专业

毕业设计——1997年
索科商贸公共建筑群
作者：H.A.科林捷耶娃
导师：A.И.乌尔巴赫 教授
　　　A.B.谢戈洛夫 教授
　　　B.B.戈里果科耶夫 副教授

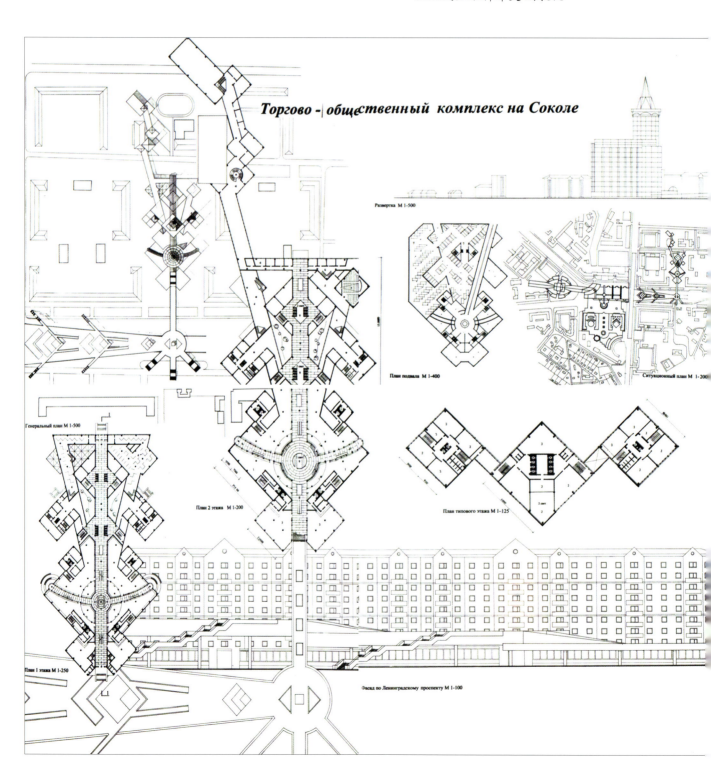

列宁格勒大街的整条沿街建筑向一侧敞开。大街上的多层平台是建筑群的基本单元。深处是高层办公楼的三部分结构。改建成建筑群的社会意义是强调大规模解决底层建筑（包括商业街）。所有单元下面都设有相对单元结构的停车场。

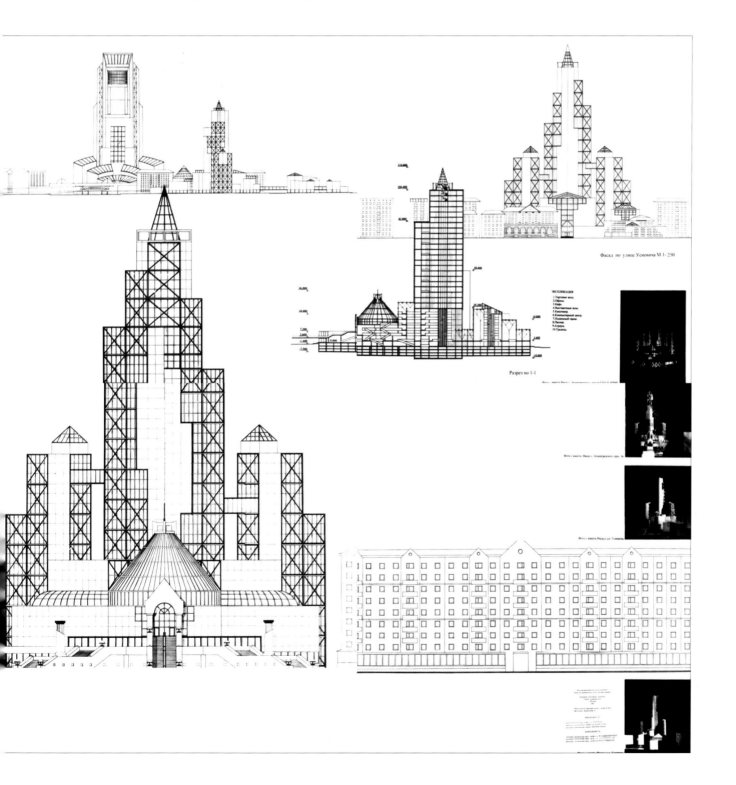

建筑师专业化教育方向之二 —— 公共建筑设计专业

毕业设计——1997年
列宁格勒大街行政管理综合体方案设计
作者：Е.А.马卡洛娃
导师：А.И.乌尔马赫 教授
　　　А.В.谢戈洛夫 教授
　　　В.В.戈里果利耶夫 副教授

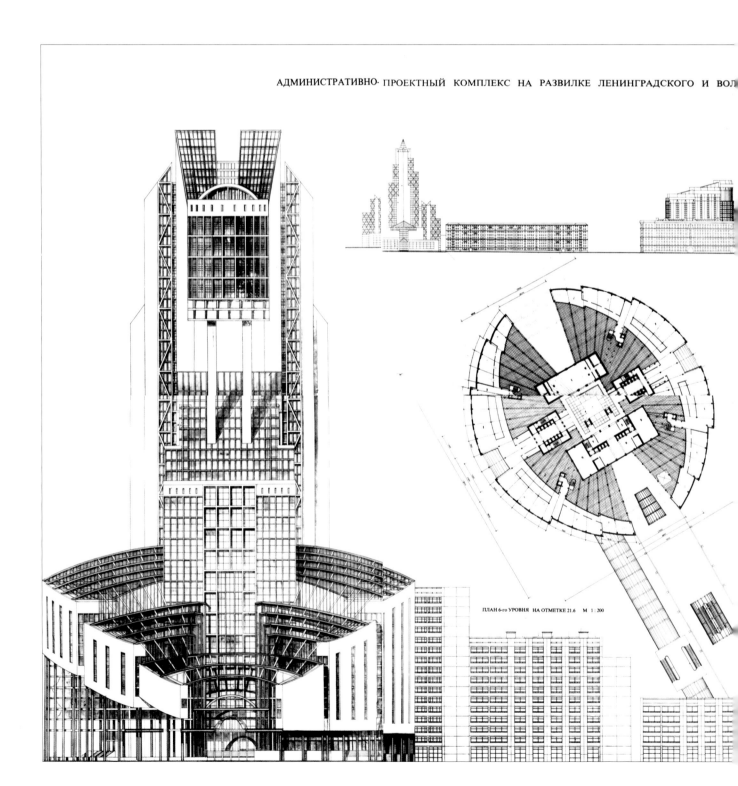

其设计的基本任务是完成列宁格勒大街范围的统一结构设计，使其向竖向发展。不应拆除的已有建筑，具有各种性能间隔，50层的建筑顶部是建筑博物馆的支架，在高耸的建筑顶部设有创作和设计工作室、研究院、联邦级事务机构。

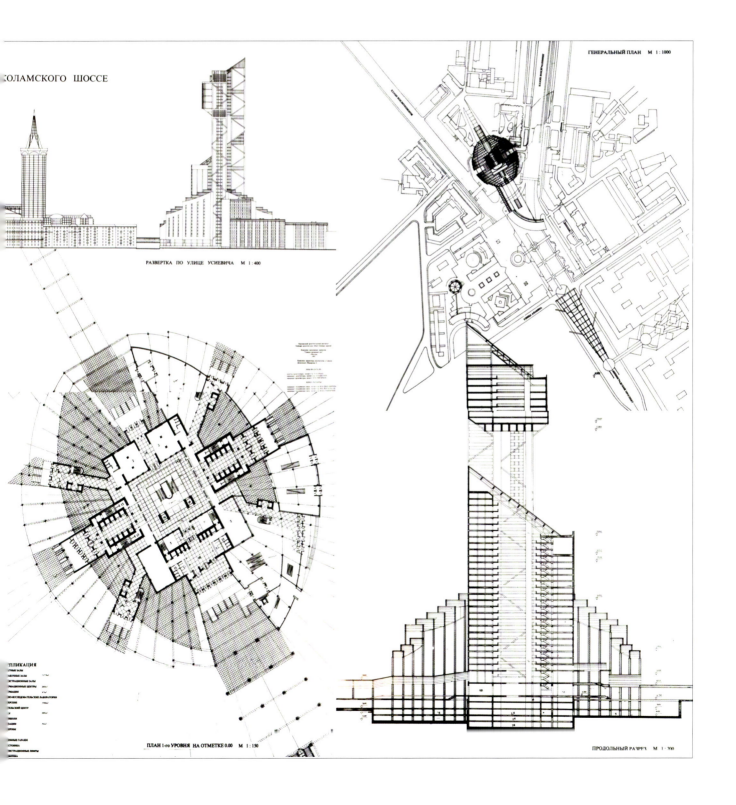

毕业设计——1997年
莫斯科库兹涅茨姆桥展览大厦
作者：Я.Ю.奥而洛娃
导师：З.Ф.朱巴特列博娃
　　　Н.М.亚丝特列博娃
　　　Ю.Л.萨人罗诺夫 建筑师
结构导师：Г.И.基里罗娃 副教授

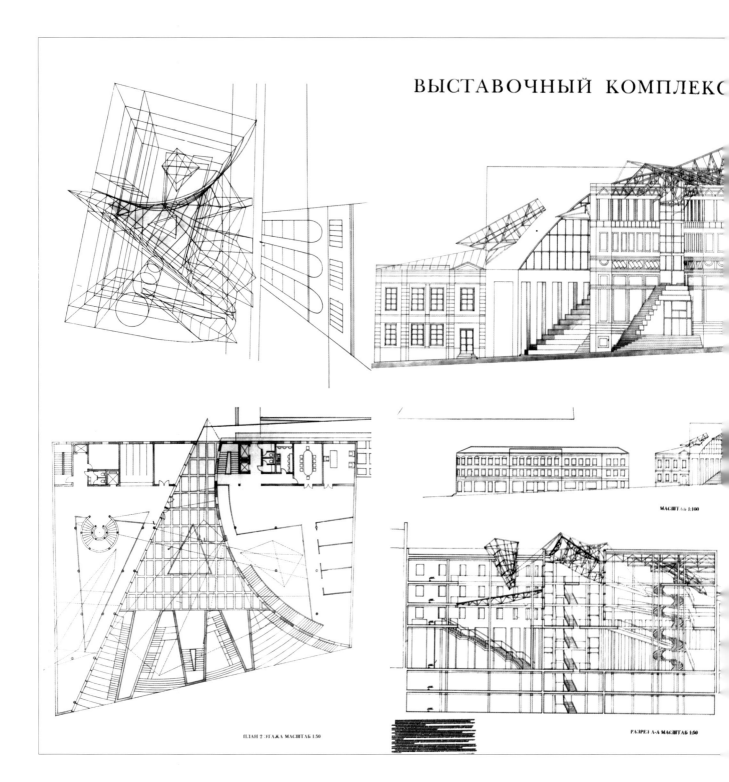

莫斯科艺术者之家的建筑形象已在人们心目中失去了昔日的光彩,于是设计者建议在原址上建造一座拥有其他功能和艺术特征的新大厦。

库兹涅茨科姆桥大街的新状态是莫斯科中心建筑环境的步行街。把新建筑融入已有建筑环境是重要的设计任务。作者建议通过内外空间的相互作用、立面构图的多样性,创造展厅独特的艺术环境。

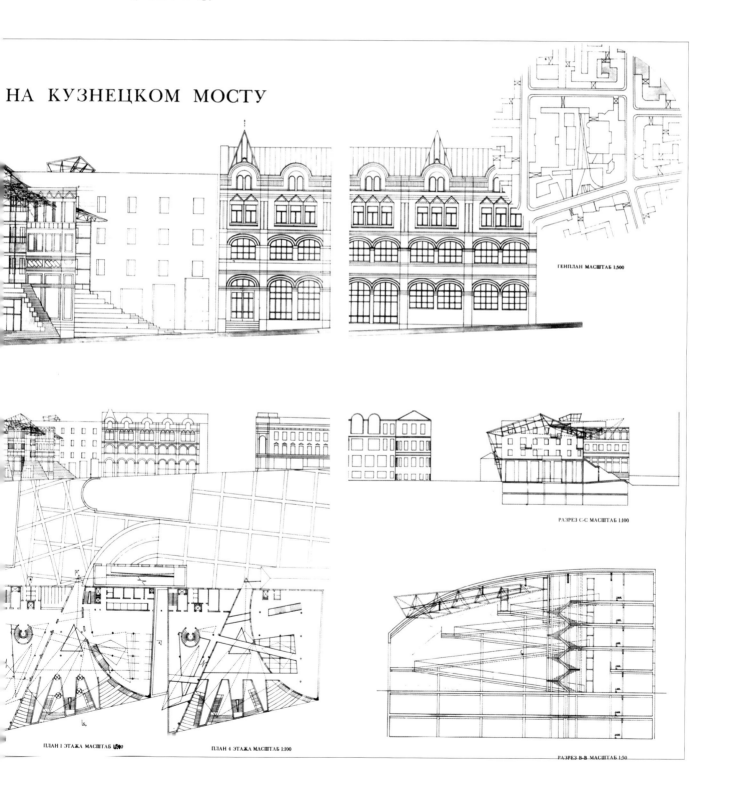

建筑师专业化教育方向之二 —— 公共建筑设计专业

毕业设计——1997年
艺术品拍卖中心
作者：Т.В.科诺娃罗娃
导师：Э.Ф.朱巴特列博娃
　　　Н.М.亚丝特列博娃
　　　Ю.Л.萨人罗诺夫 建筑师
结构导师：Т.И.基里洛娃 教授

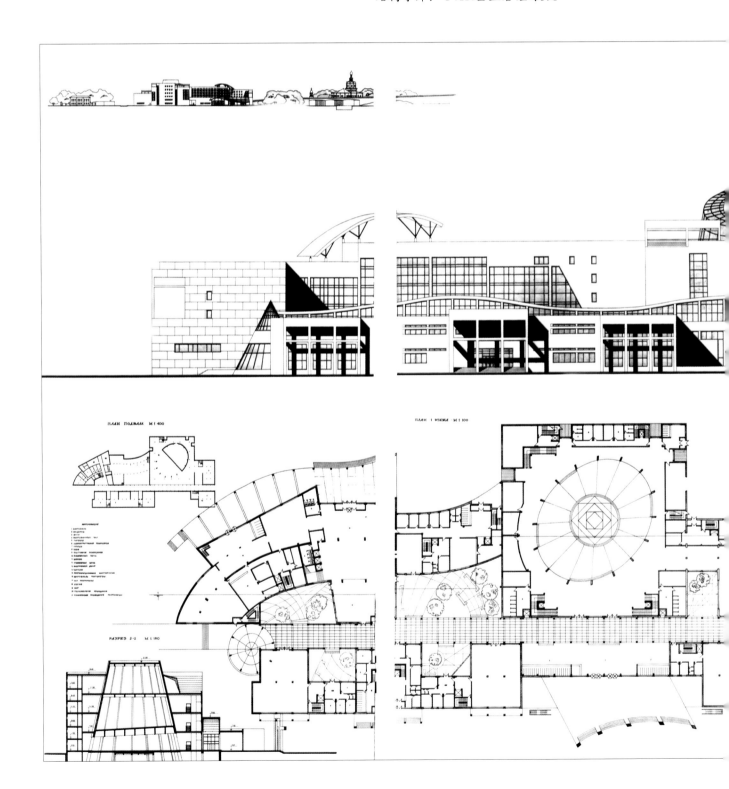

该中心基地周围的汽车高架桥和莫斯科河沿岸街，限制了解决地段中心时考虑步行街，为此，建议设置交通轴线、设置生产和商业区，在绿化区和沿岸街上布置展厅、休息厅、餐厅、宾馆等功能性建筑。

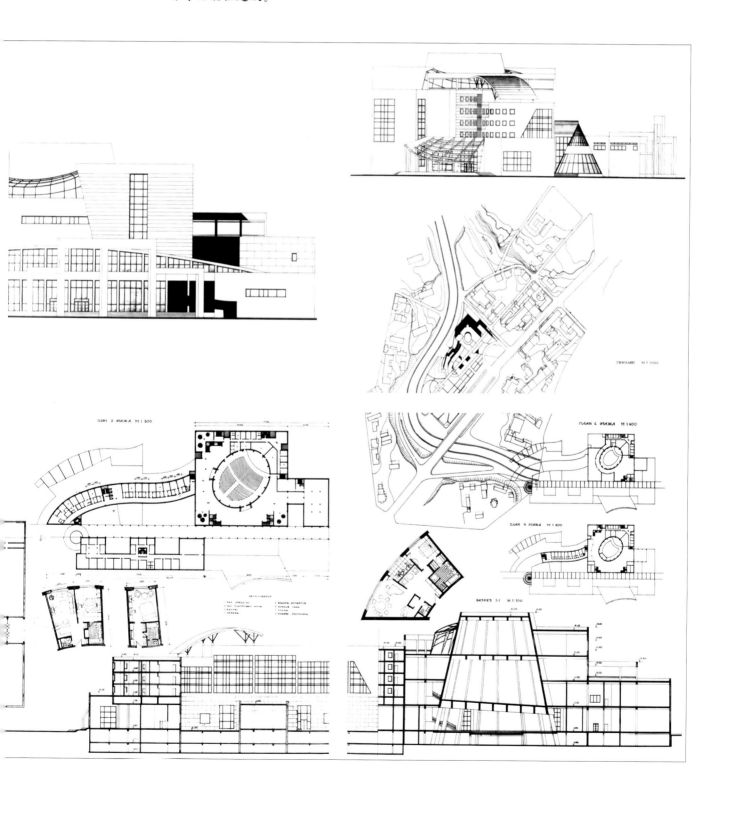

建筑师专业化教育方向之二——公共建筑设计专业

毕业设计——1997年
文化科学院旅馆和音乐厅大厦
作者：B.A.热姆求戈娃
导师：B.И.乌盟扬诺夫 副教授

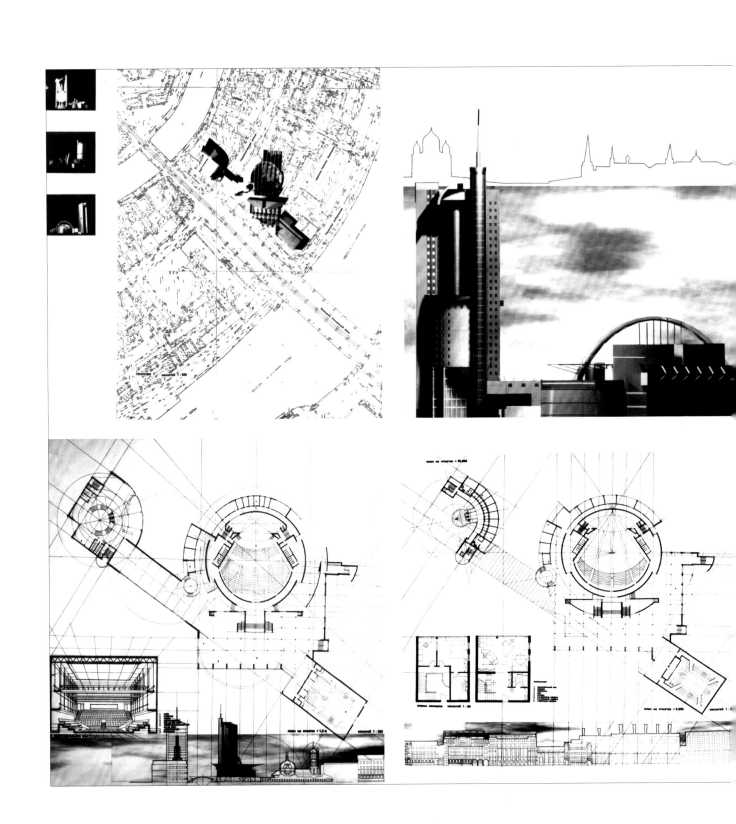

规模宏大的文化娱乐中心被设计在市中心附近的河岸上。从城市建设角度看，建筑地点非常重要：它附近有文物建筑。设计者确定在科捷里尼切丝卡亚沿岸街上设高层建筑，设计者在解决各种功能问题的同时，非常关注构图与形式问题，因此使用了艺术语言十分简洁的风格。

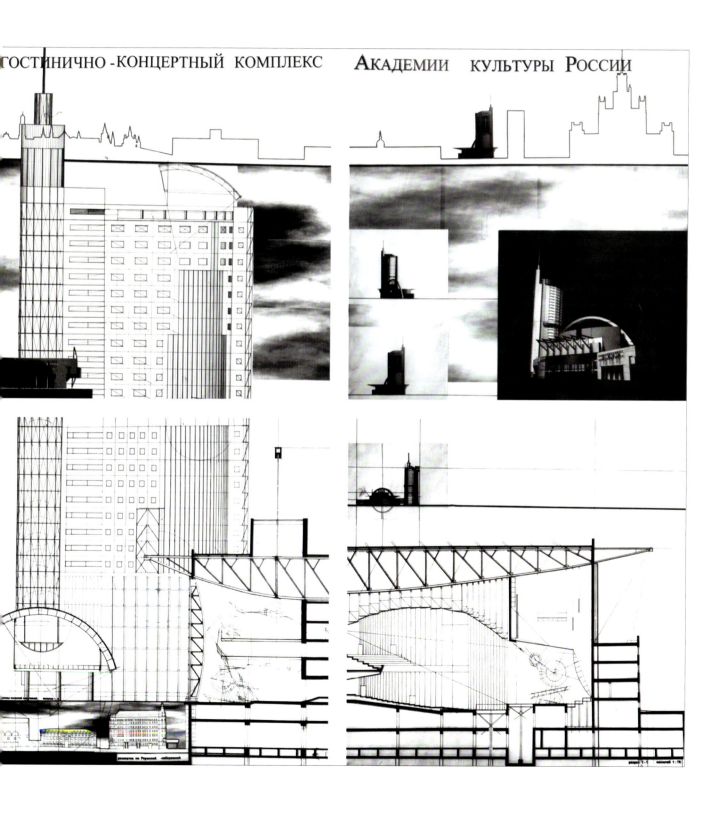

建筑师专业化教育方向之二——公共建筑设计专业

毕业设计——1997年
俄罗斯·莫斯科雅吾兹技术园区
作者：T.Ю.卡列丽娜
导师：H.A.费加耶娃 教授
　　　T.A.贾科诺娃 副教授

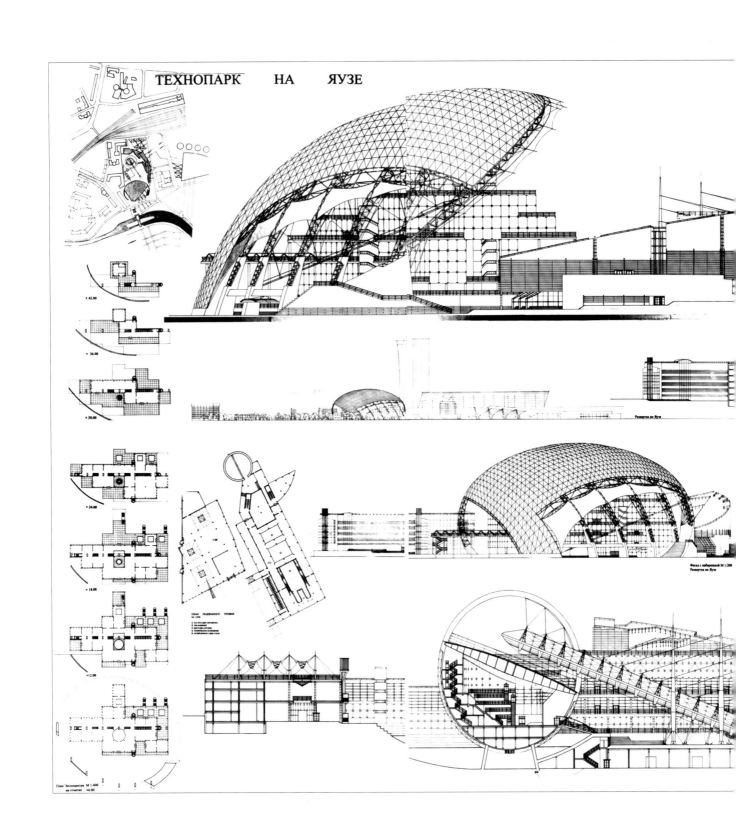

建筑师创造力的培养

技术园区应成为为娱乐表演和科学普及的建筑群,其主要设施为展厅,即有顶的空间结构。大型太阳能电源且多数展厅集中在电源组下面,并严格用展品和消闲娱乐活动的空间连接。

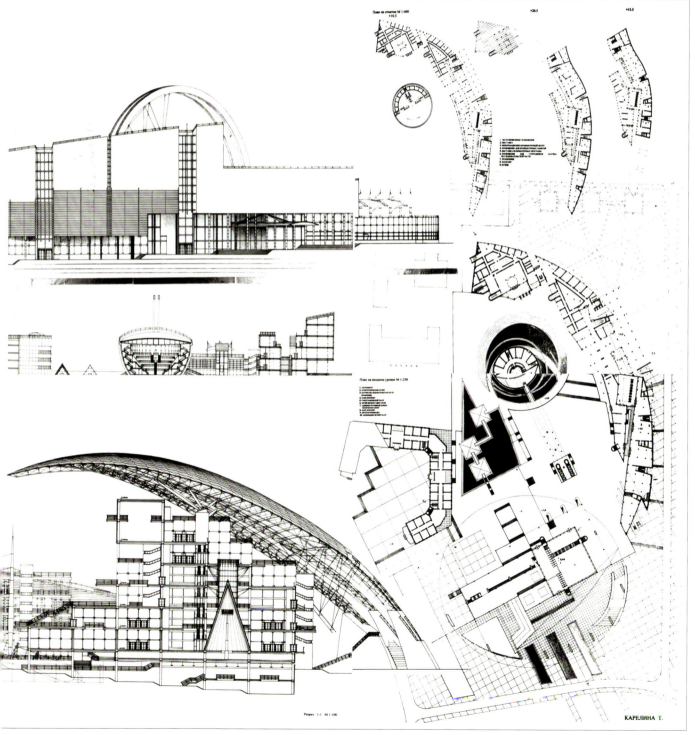

| 196 | 建筑师专业化教育方向之二——公共建筑设计专业 |

毕业设计——1997年
莫斯科西北轴线规划与建设
作者：E.A.马卡洛娃
　　　M.A.米波尼亚
　　　H.A.科林捷耶娃
　这个大型集体设计，力求解决莫斯科西北轴线这一最重要的交通动脉的规划和建设任务。城市建设修复的基本原则为：

建筑师创造力的培养 197

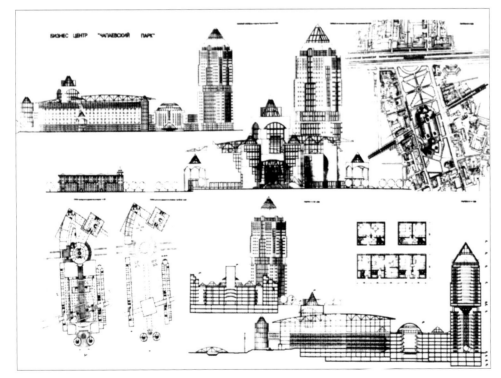

- 加大城市建设规模。
- 新建时考虑到社会特征和地段的历史类型；从创新和修复中走向现代化。
- 在城市建设的主要枢纽上建造重点交通系统。
- 功能分区变为通透和分散的步行带。
- 因交通网的发展采用了地下交通。

建筑师专业化教育方向之二——公共建筑设计专业

毕业设计——1977年
别格娃街上的青年体育综合体
作者：T.吾拉巴霍 教授
导师：А.И.吾拉巴霍 教授
　　　А.В.谢格洛夫 教授
　　　В.В.格里高利耶夫 副教授
工程师：Ю.А.德浩维奇内 副教授

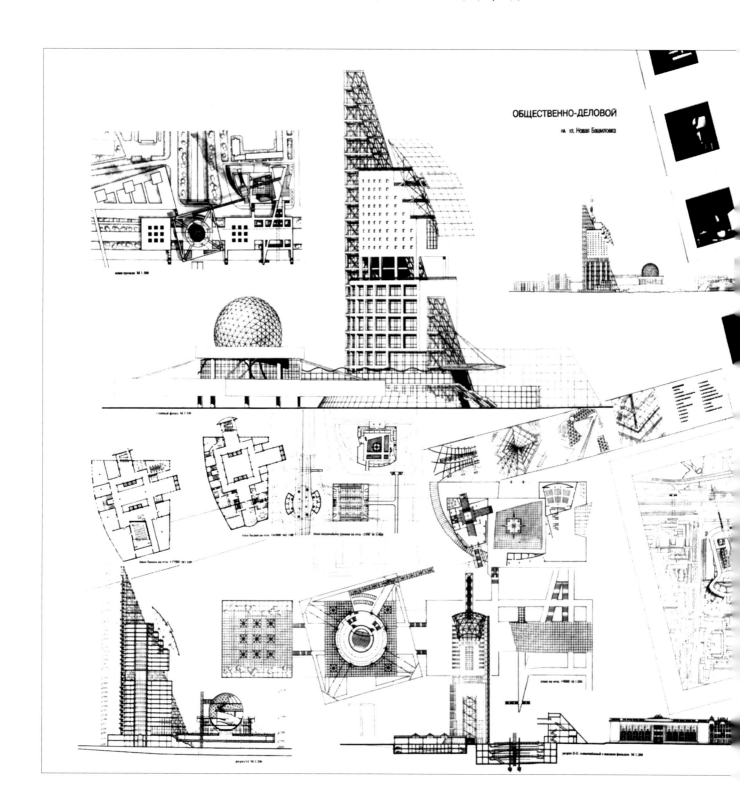

建筑师创造力的培养

"青年体育综合体"的作者提出了自己对高层体育馆建筑独特的看法:该建筑应成为奥林匹克精神的象征以及青年人奋发向上的纪念碑。设计者对多功能体育活动厅的安排、室内外环境的相互渗透,空间变化,提出了自己全新的思路,特别是环形的高山滑雪道的设计,为该体育综合体增添了生动的形象,独具个性的体育综合体设想完美地融入了城市结构的环境中。

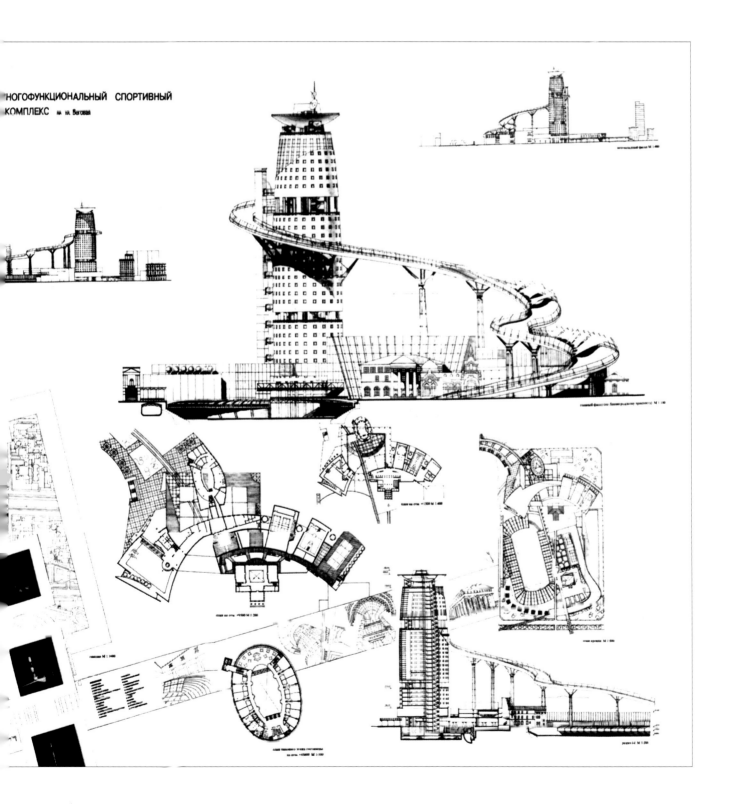

毕业设计：
莫苏贸易中心模型
学生：A.索荷斯基，1990年

毕业设计：
希腊艺术科学院模型
学生：K.多布林，1990年

建筑师专业化教育方向之三——城市规划专业

建筑师专业化教育方向之三
——城市规划专业

И.Г.列热瓦 教授

在城市规划专业教育中,学生所接受职业训练的原则不仅包括了解最基本的人类聚居问题,而且要研究人类城市发展的全过程。毕业设计则集中体现了这两方面的要求。我们认为对于城市规划专业,毕业设计研究的全过程,这对于未来的职业建筑师是一个认真、严肃的专业活动过程。

城市规划专业教学训练主要方针为:

——把设计题目当做一定水平上的设计(从一个城镇到一个具体的单体建筑设计),把城市与建筑设计的关系看作是特定城市环境发展的必然联系(从城市规划与周围环境的关联到城市环境的建筑设计)。

——了解城市规划设计的自然法则与独特的形态、合理的结构,进而了解城市发展过程中的各种变化与要求。

——在城市规划专业课程的毕业设计过程中,使学生掌握城市规划设计最基本的职业技能。

把这些原则贯穿于教学训练中,城市规划系设置了不同的研究设计课题,在基础教育系与专门化教育系中,建筑设计题目也或多或少地涉及城市的内容。这些专项训练内容使学生进入不同城市规划设计课题的现实中,从而形成学生关于城市空间生活与结构组织独立观念的同时,教会他们解决具体设计问题的方法。其中,主要的设计题目包括"1500~2000居民点规划布局与发展研究(三年级)"、"城市居住区的规划与发展研究(四年级)"。这两大题目结合总体教学计划,配合一些小的设计题目(如"居住区公园设计"、"住宅楼周边区域环境发展研究"、"步行区规划设计研究"),其目的是培养、提高、完善学生设计的总体结构水平。

五年级的设计题目包括"城市历史中心的改建","十万人口城市的总体规划与城市中心设计"。

每个设计题目都应该建立在对具体条件的分析基础上,如对已形成的城市结构系统的历史发展分析,现实城市空间美学艺术的分析;城市现状的社会、经济发展问题分析,等等。城市规划专业的毕业设计题目一般是历史城市区域的改造研究。

毕业设计分为两个阶段:①制定所选择题目的分析研究报告,对城市发展历史的研究,对城市现状问题研究,国内外城市规划设计经验的比较,城市规划设计对城市景观、风貌改变的视觉影响研究;②毕业设计本身。

204 建筑师专业化教育方向之三 —— 城市规划专业

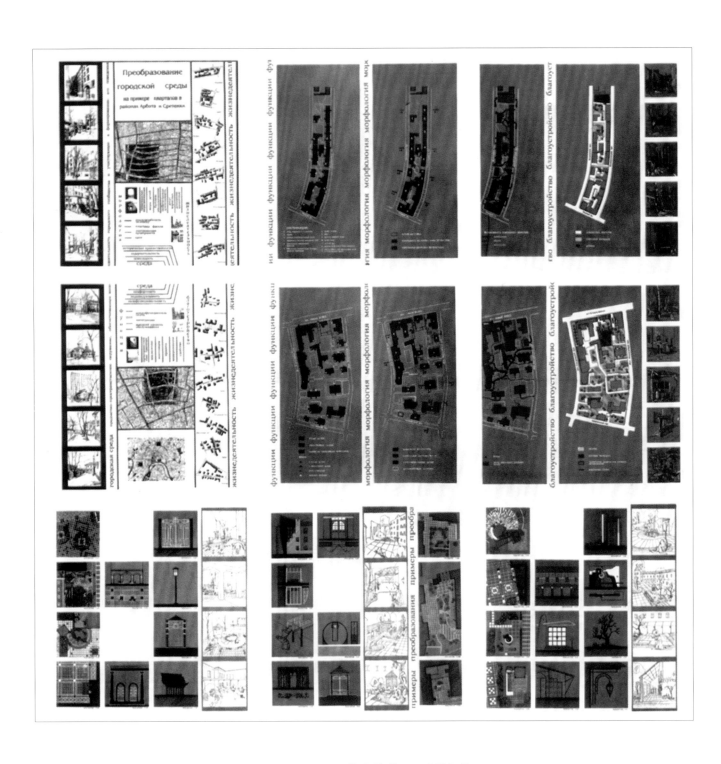

毕业设计——1997年
作者：Ю.雪什娃　И.库兹涅佐娃
导师：А.В.马什科夫 教授
　毕业生应用类型学的原理，将老城内城市形体

建筑师创造力的培养

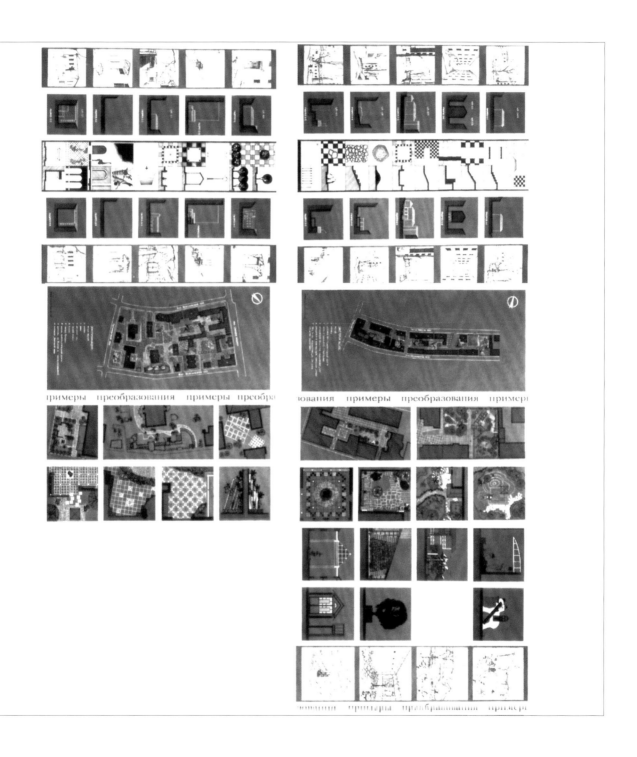

环境要素加以分类与归纳总结,并结合自己对城市未来发展预测,提出了对城市形体景观环境改造的设想。作者的理性分析与科学总结展示了建筑师形象思维与理性思考的能力。

毕业设计——1997年
莫斯科河沿岸土地的规划与管理—莫斯科市内段
设计人：Н.З.阿赛尔克
　　　　И.М.斯玛尔雅勒
助　理：С.Ф.穆拉托夫
　　　　Н.С卢萨科娃
莫斯科河沿岸边界的确定是根据它的地貌及规则

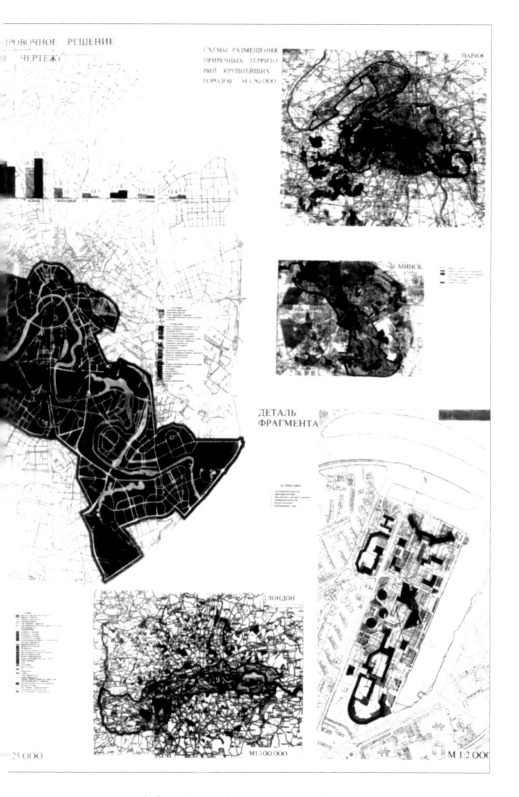

特点来确定的,并以此为依据则其进行综合评价。

有迹象表明沿河流域的土地与空气受到不同程度的污染,显示出不良的生态状况,故绿化的推广普及具有重要意义。

为此对流经首都的莫斯科河沿岸建设提出新的要求,即大力发展水域与绿化面积,用设施完善、绿化程度高的居住区替代原有的工厂企业。

毕业设计——1996年
卡尔山尼与卡特洛夫卡河谷改造设计
作者：玛雷消夫
导师：A.B.玛斯科夫 教授

在对这一地域作出功能评估的基础上，设计者指出保留部分而局部改建了卡洛夫河谷，使大量游人远离悬崖，并且积极开发边缘与附近土地，安排好与开发联系的物质空间，人与地形体系"墙"、"塔"、"桥"系统。

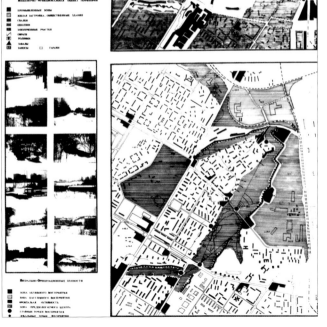

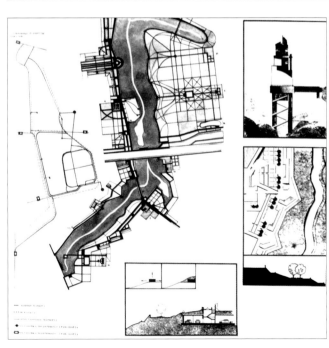

毕业设计——1996年
国立莫斯科大学校园改建规划
作者：Ц.姆拉肖夫
导师：А.В.玛斯肖夫 教授

设计者指出：加大校园使用的力度，并在保留建筑轴线结构的基础上，保持它与莫斯科历史中心的空间联系，使空间环境大众化。为此提出高层建筑建在边缘，使趋向市中心的高层溶入历史中心的视线固定下来；在主轴线为人们创造一个功能繁荣的空间，其对环境有各种意想不到的视觉感受；解决了大学建筑群平面规划问题。

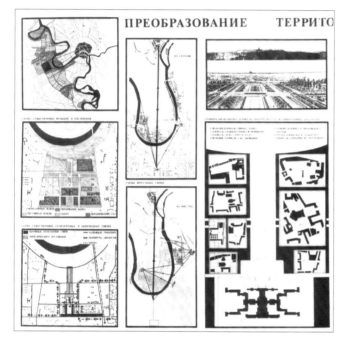
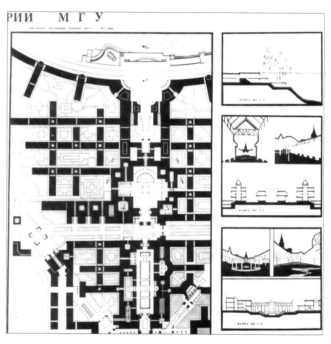
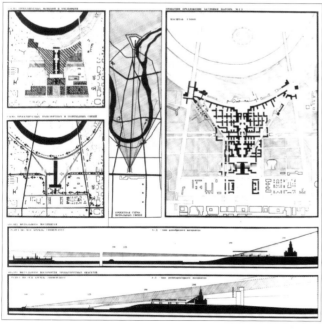
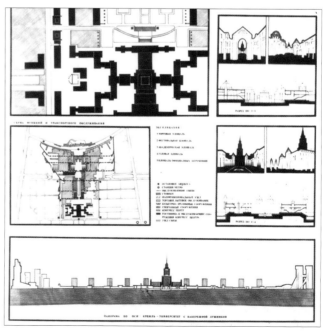

毕业设计——1996年
卢日尼基体育场改建
作者：H.卡兹洛娃
导师：A.B.玛斯科夫 教授

该设计方案对体育竞技参观区、贸易展览区、市场区、休闲功能区和风景如画的莫斯科河岸边的公园区，进行了对比，并且提出在加大体育场使用力度的前提下，改善环境视觉与生态特点，才是卢日尼基体育场区域发展的可能性。

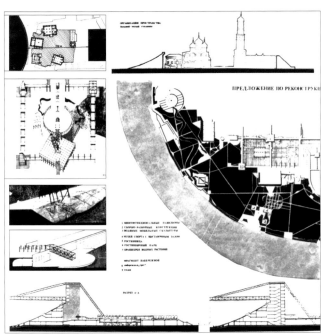
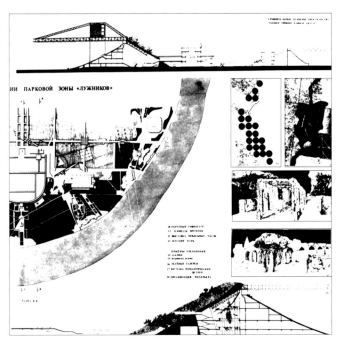

毕业设计——1997年
交通框纽、电影奇迹综合功能公园
作者：3.奇比克
导师：А.В.玛斯科夫 教授

设计者提出一项多功能建筑，保证交通枢纽、公园与谢顿河谷共存的问题，解决这一问题采用了梯形建筑，在空间上向谢顿河出口处展开，并且使建筑结构中包括绿化的河谷。

从高速路与铁路来讲，这里远离"墙"，远离恶性交通事故的方法与手段。设计者对城市环境的理解多种多样：从建筑室内装饰的大都市化到再造城郊局部地形，展示了毕业生丰富的建筑想像力。

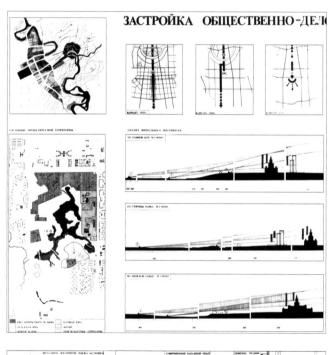
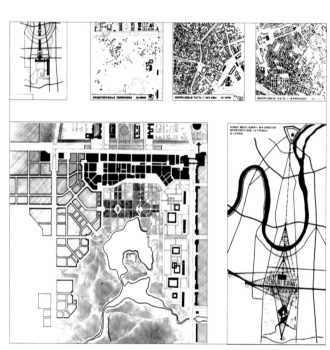
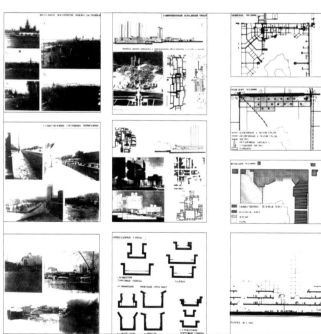
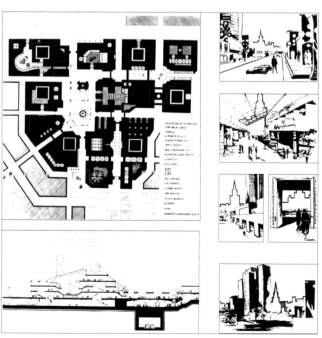

毕业设计——1997年
莫斯科西南区商务中心建筑
作者：C.苏巴契夫
导师：A.B.玛斯科夫 教授

对该中心有两种设计方案：①商务用高层建筑，这样在建筑上形成了以莫斯科大学建筑为中心基调，同时也形成了莫斯科大学历史中心的结构轴线沿维尔兹街方向的空间分界线。②商务用2～3层，看台形成了步行的多功能区，使这区域旧城中心焕发青春。地下空间用来停车和建服务区。

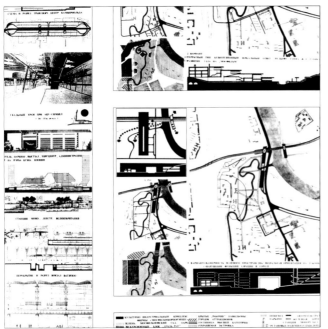
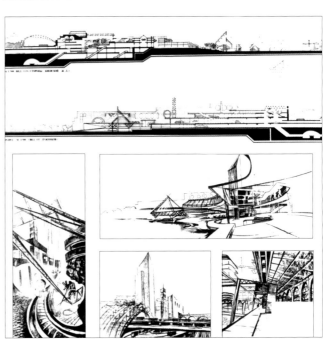

毕业设计——1997年
居民区改建规划设计
作者：O.弗拉基米洛娃
导师：A.B.玛斯科夫 教授

该设计根据建筑时间区分了居民楼的种类；完成了对其环境特点的评估，并形成了在每一种建筑中改善居民生活环境的提议。

新建居民楼群时，采用低层高稳固性建筑；改造并新建与人居环境规模相适应的庭院空间和街道。

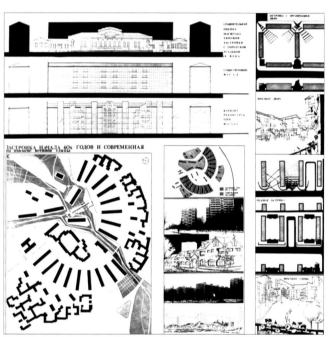
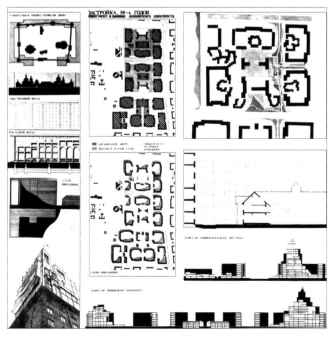

毕业设计——1994年
莫斯科近郊历史环境的改造
作者：О.Д.马尔琴科
导师：Е.З.诸斯马洛娃

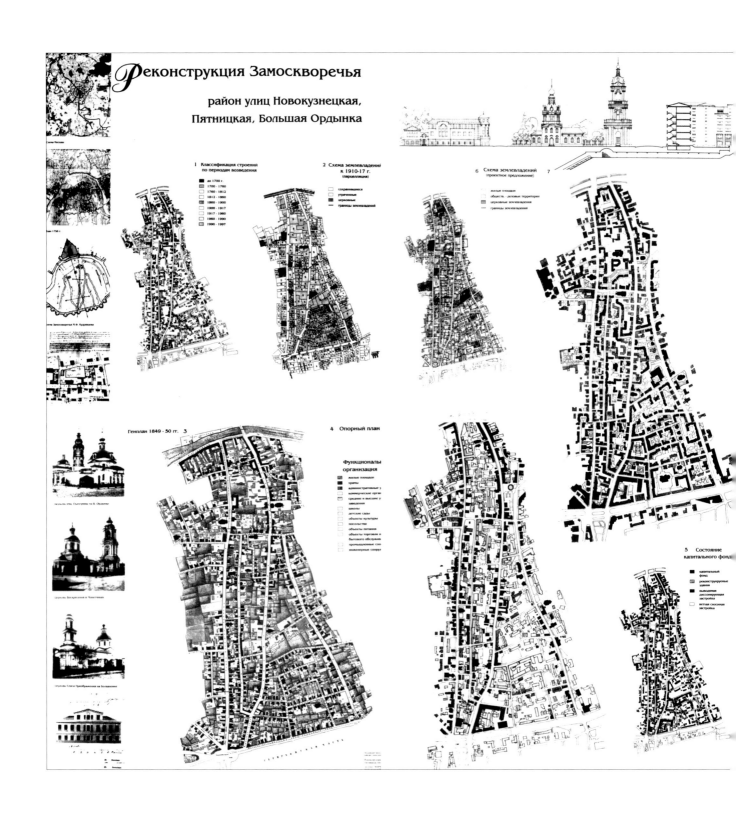

该设计提出了历史环境的重建问题,同时,提出了当前经济发展中精神价值的新观念。设计者综合考虑了在土地利用新式居住基金保证的条件下,保护莫斯科中心自然保护区的空间历史环境。

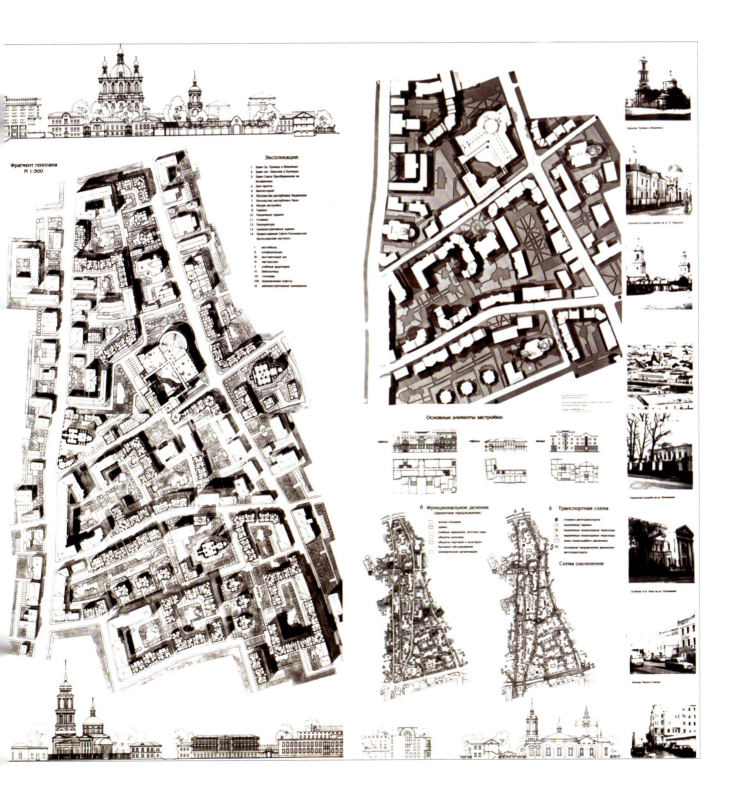

建筑师专业化教育方向之三——城市规划专业

毕业设计——1995年
作者：A.马什科夫
导师：H.列热瓦 教授

该设计中进行的前期用地分析，表明有大量储备可用于商务开发、居住、休憩等功能。此设计方案可改善生态环境，理顺交通体系，丰富城市空间结构。

作者提出改善用地的基本原则：
——集约化使用城市土地的价值。

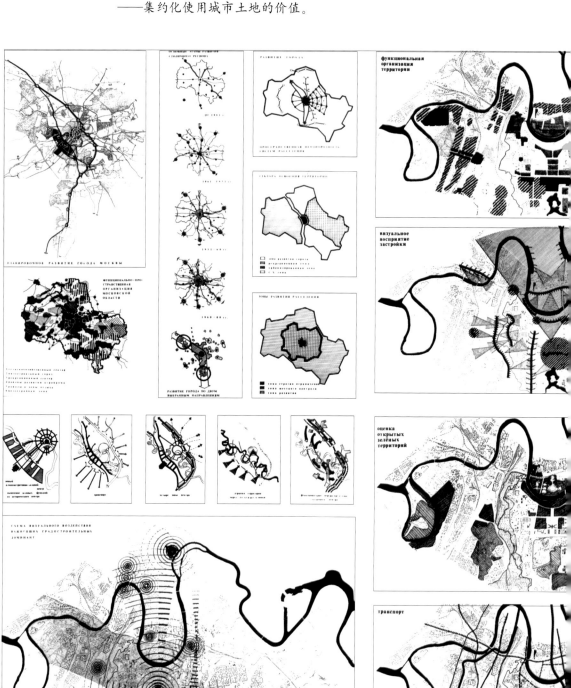

——阐释莫斯科是重要的带性结构河道，明显显示同市中心的联系。
——增加空间创作结构的多样性。
——把恢复小河和绿地作为改善生态结构的基础。
——保护城市空间系统中莫斯科大学建筑群的结构和标志意义。
——利用已有的铁路线，制定新的高速公路线。

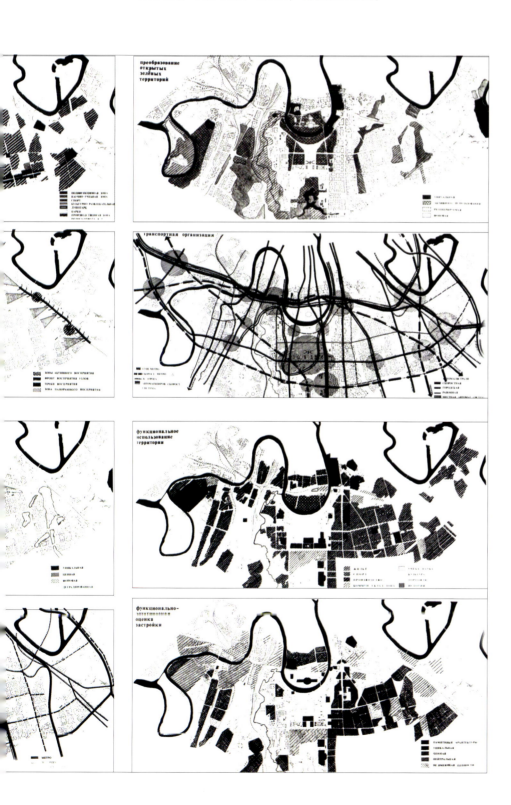

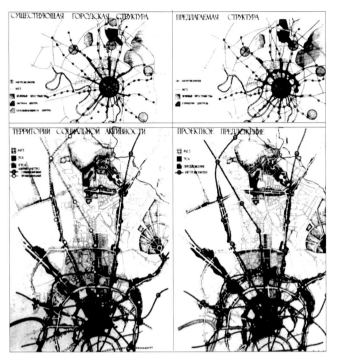
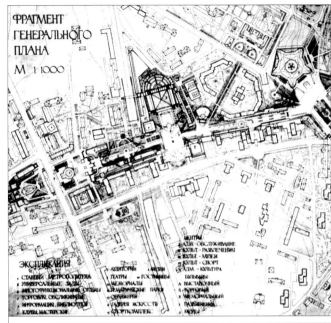
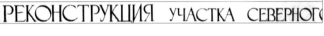
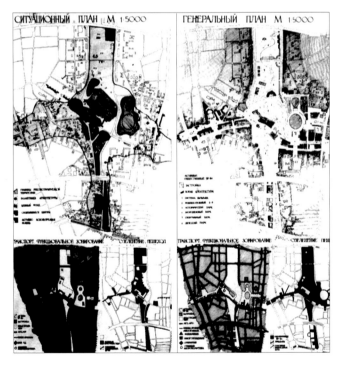
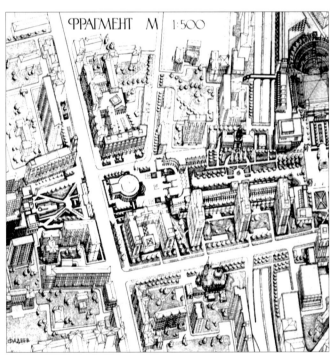

毕业设计——1983年
莫斯科绿廊改造
作者：A.菲加耶夫
导师：H.乌拉斯 教授

毕业设计"莫斯科绿廊改造方案"从城市总体、宏观分析入手，提示该方案规划设计的指导原则与空间布局手法；作者以此为指导详细分析了

建筑师创造力的培养 | 219

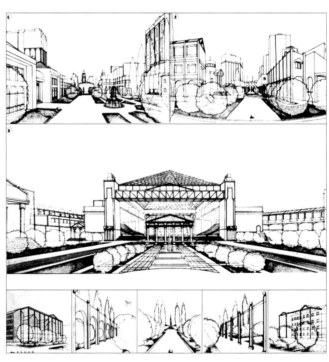

一些典型地段的现状与矛盾,并按照绿廊保护、整形绿地、绿色廊道、公园、街头绿地等不同层次,不同手法,系统而整体地对莫斯科绿廊改造提出了自己的设想。从城市尺度到1∶5000、1∶1000、1∶500等不同尺度研究城市绿地,提出总体战略、细部做法。作者较好地完成了中间的过渡与衔接。显示了该毕业生良好的空间布局与构思能力。

毕业设计——1998年
莫斯科塞顿河地区的"视觉"公园
作者：E.多戈切娃
导师：A.卡互索夫教授
　主题：展示莫斯科的自然环境，塞顿河是目前莫斯科自然生态较好的区域之一。
　建议：展示"自然"仅仅是当它融入城市自然环境

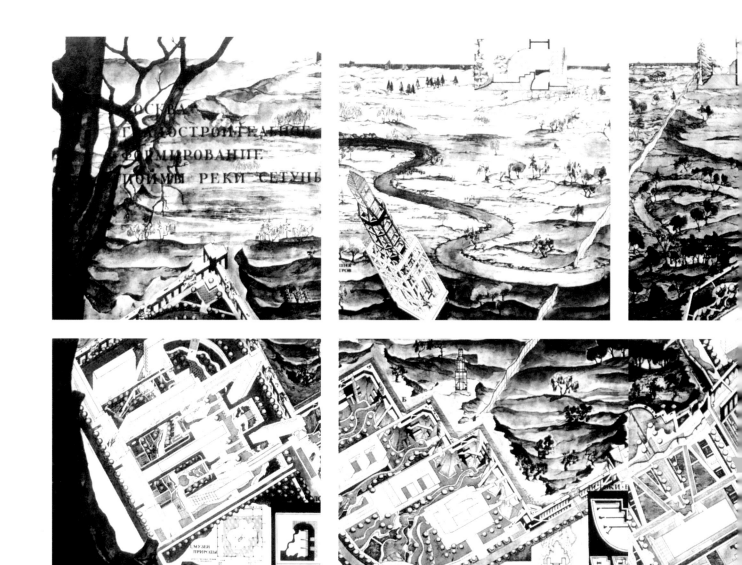

中。设想方案:创造一种新型的城市类型,严格主题:限制游人的"可视城市公园"、"风之塔"、"气之广场"、"起伏"、"水晶宫"、"波斯喷泉"。"墙"是人与自然的边界,它与不同水体一起构成了不同的功能组合,该方案提供了将"自然"融入城市的独特之路。

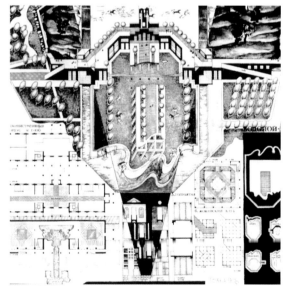
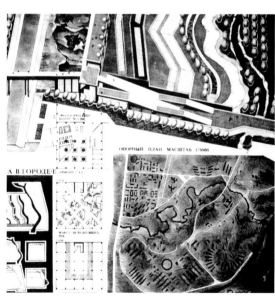

建筑师专业化教育方向之四——工业建筑设计专业

建筑师专业化教育方向之四
——工业建筑设计专业

C.A.吉米多夫　教授

工业建筑设计专业的毕业设计，是莫斯科建筑学院职业建筑师教育在工业建筑设计教学训练中的最后一个阶段。从技术、经济、建筑艺术与技术完美结合的观点来看，工业建筑设计是建筑学领域中理性与浪漫的结合。

工业建筑设计专业的毕业设计，不仅要从实践上，而且还要从理论方面给毕业生提供更多的专业知识与技能。这些专业知识与技能涉及许多工业领域的生产流程与工序问题。工业建筑设计专业的教学目标就是培养毕业生在今后工作中把工业工艺流程更好地体现在建筑中，成为工业生产程序良好的建筑空间组织者。工业建筑设计专业的毕业设计创作方向是工业企业良好的工序流程空间，良好的生产空间。与建筑空间环境艺术创作相平行与等值的是，工业建筑的结构、社会与艺术问题，这是工业建筑设计专业研究的重点。

毕业设计题目选择的原则是给学生提供更多接触该领域的实践机会。所有毕业设计都是根据某些专业建筑单位、科研院所的具体要求而完成的，例如某些工业企业的扩建与改造。基于此，这就使一些毕业设计在后来被实施的重要原因。

一些毕业设计的题目还与工业建筑的结构工艺与技术问题相联系，另一些毕业设计题目则是参与某些大企业提供的工业建筑设计竞赛。

毕业设计题目涉及不同的工业企业——能源、冶金、化工、机械、电力、轻工、食品、交通、科研、行政管理等。这些毕业设计的规模与内容有很大的差别，毕业设计应提供标准类型或独立式的建筑，其中包括新建和改建的部分建筑设计。除了在毕业设计阶段前收集必要的研究资料外，工业建筑设计系鼓励学生研究、模拟工业企业和各种工艺流程，熟悉未来工业发展对建筑的新要求。要求学生完成相关理论与实践的研究报告，鼓励学生设计并设想具有建筑景观标志作用的工业企业建筑。

许多毕业设计展示了学生较高的专业水平，表达了学生对未来工业设计美好理想的构想；对工业建筑及周边环境与人们活动的关注；并把工业建筑的特殊性提供给建筑师，使其发挥更大的创作余地，从而展示工业建筑独特的结构与工业美学的魅力。

建筑师专业化教育方向之四——工业建筑设计专业

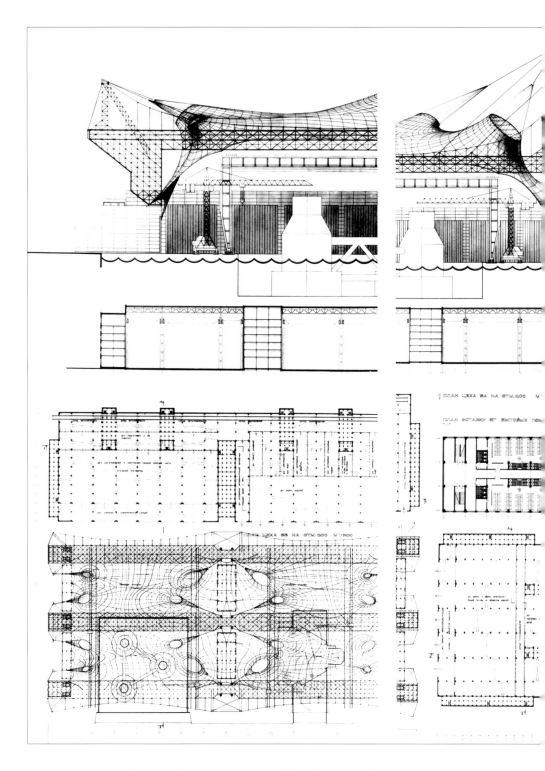

五年级学生作业：飞机制造厂整装车间设计方案
学生：Ц.А.切尔瓦娃
导师：А.А.赫鲁斯塔列夫 教授
　　　С.В.波拉夫琴卡 副教授
建筑师：В.С.尼基弗拉夫 副教授
　　该设计方案解决了总体构造、基本结构流程、多翼面生产车间的室内装饰等问题。

建筑师创造力的培养

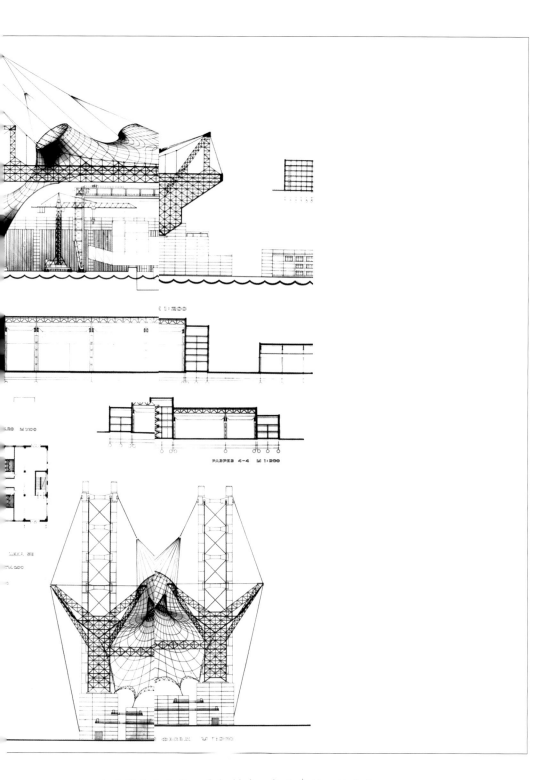

五年级学生作业：飞机制造厂整装车间设计方案
学生：Ц.A.切尔瓦娃
导师：A.A.赫鲁斯塔列夫 教授
　　　C.B.波拉夫琴卡 副教授
建筑师：B.C.尼基弗拉夫 副教授

　　该设计方案解决了总体构造、基本结构流程、多翼面生产车间的室内装饰等问题。

226　建筑师专业化教育方向之四——工业建筑设计专业

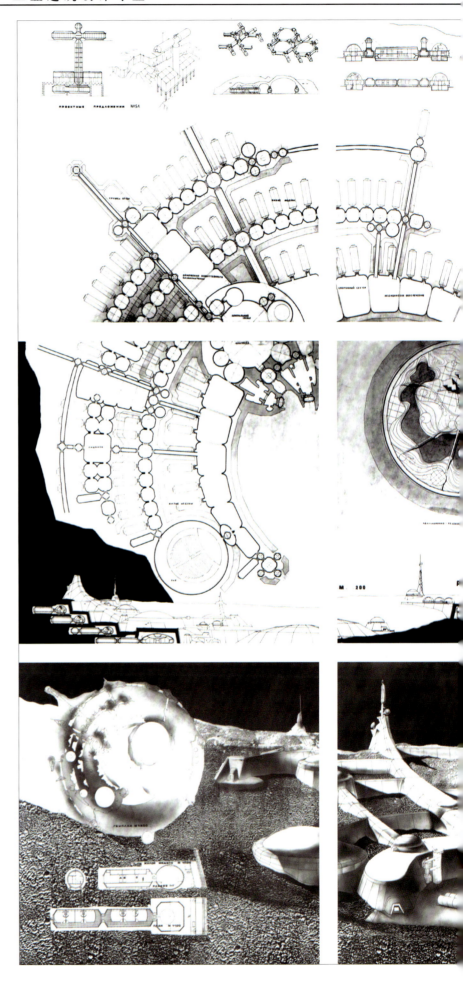

建筑师创造力的培养

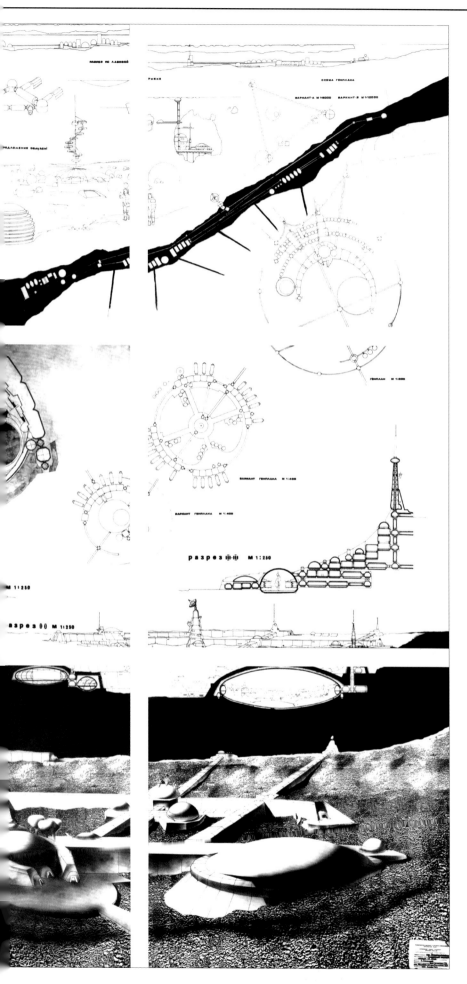

毕业设计——1993 年
月球上的科学站
作者：A. 西杰采夫
导师：B. 阿戈拉诺维奇 教授
　　　O. 玛姆列耶夫 副教授
　　　B. 塞萨列雅金

科学站位于月球上的一个环形山里，并且由不同功能参数的系统组成，这些参数之间组成了一个共同的大空间构架。

在这一毕业设计中考虑了月球的特殊性：温度状态、防强辐射、陨星。

其结构的核心是恢复中心功能参数，这一中心将重现地球生命活动。

该毕业设计作出了解决"月球建筑"的尝试。

建筑师专业化教育方向之四——工业建筑设计专业

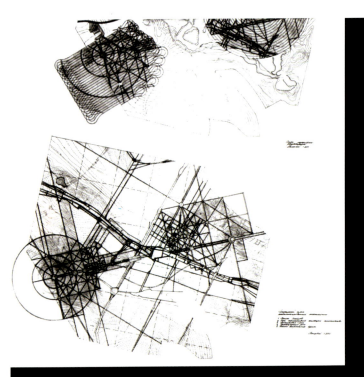

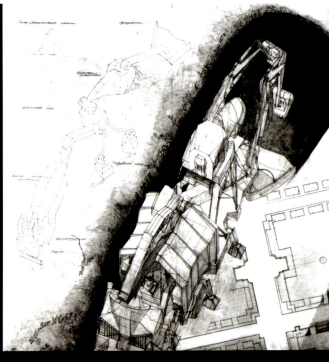

毕业设计——1993年
活动垃圾再处理建筑综合体
作者：И.瓦兹涅冼斯基
导师：К.阿戈拉诺维奇 教授
　　　О.玛姆列耶夫副 教授
　　　В.Ц.岁萨良亭

该建筑综合体保证了垃圾场深度加工处理日用生活垃圾,并且用于土地耕作,使其达到可以种出"绿色小草"的水平。该建筑综合体的功能体现在复杂的技术结构和空间特性向建筑形式转变的过程。

建筑师专业化教育方向之四——工业建筑设计专业

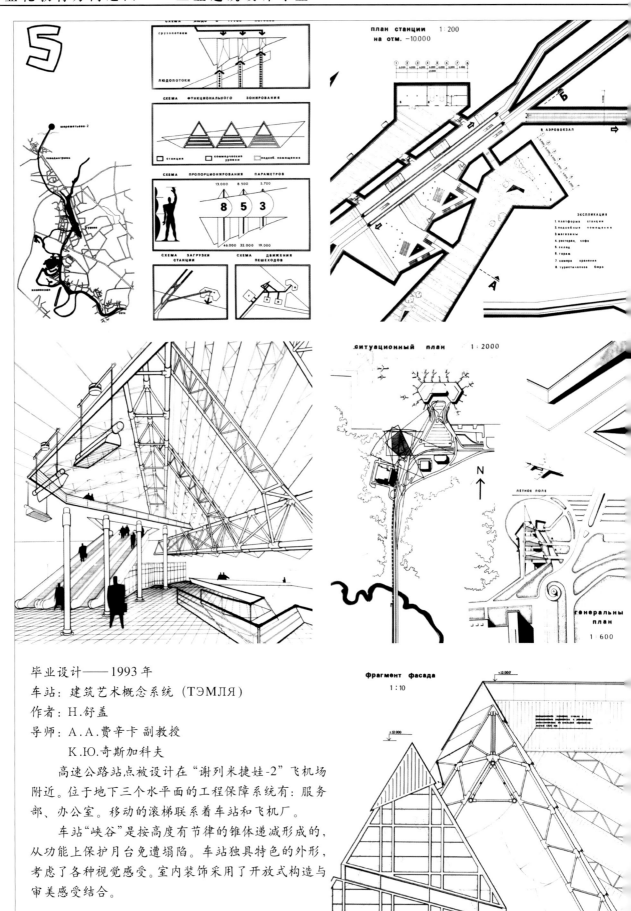

毕业设计——1993年
车站：建筑艺术概念系统（ТЭМЛЯ）
作者：Н.舒盖
导师：А.А.费辛卡 副教授
　　　К.Ю.奇斯加科夫

高速公路站点被设计在"谢列米捷娃-2"飞机场附近。位于地下三个水平面的工程保障系统有：服务部、办公室。移动的滚梯联系着车站和飞机厂。

车站"峡谷"是按高度有节律的锥体递减形成的，从功能上保护月台免遭塌陷。车站独具特色的外形，考虑了各种视觉感受。室内装饰采用了开放式构造与审美感受结合。

建筑师创造力的培养

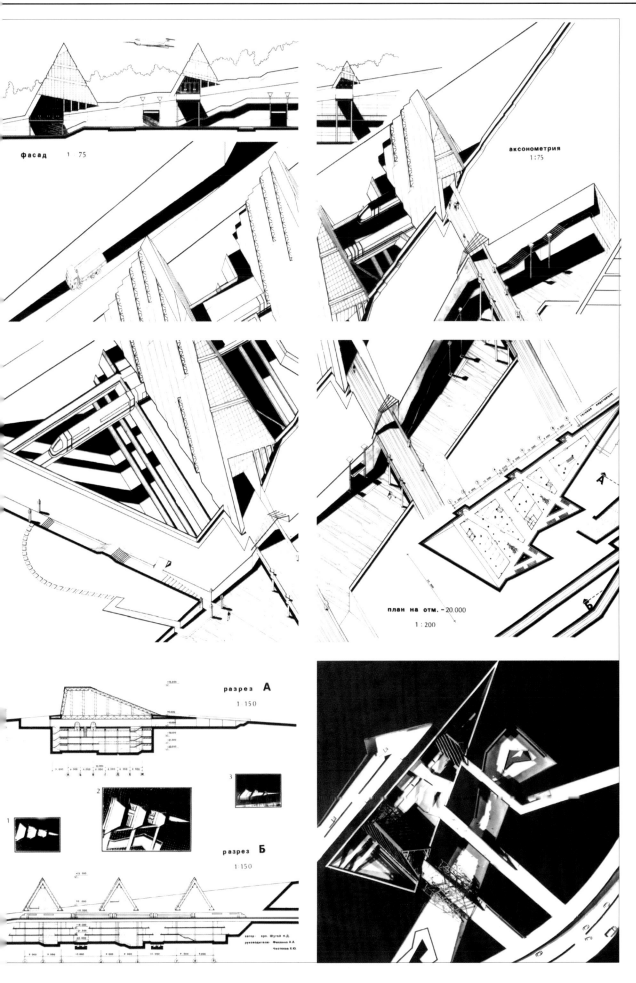

建筑师专业化教育方向之四——工业建筑设计专业

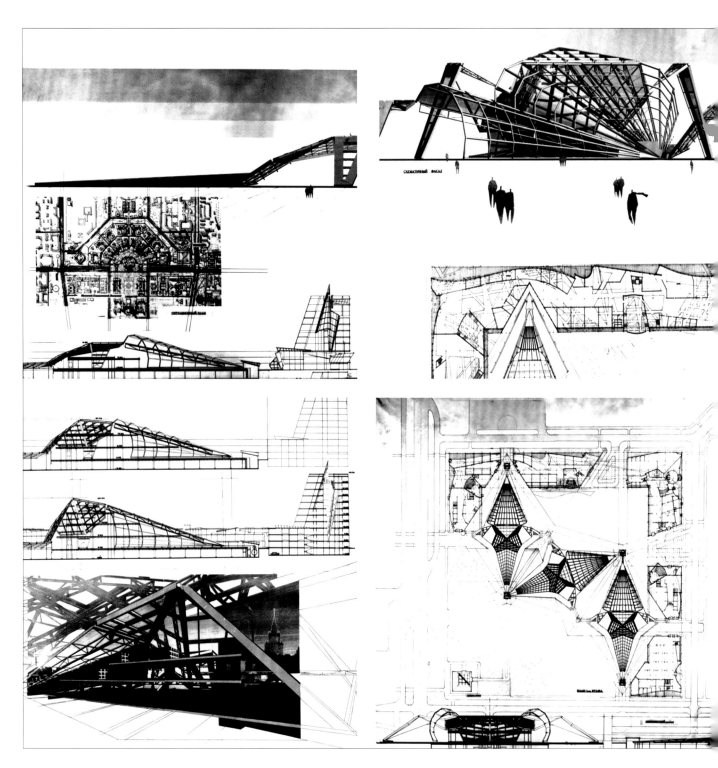

毕业设计——1996年
贸易展览中心
作者：Я.Ц.科拉索夫斯卡娅
导师：А.А.赫鲁斯塔列夫 教授
　　　Р.С.阿两莫夫 副教授
　　　Р.С.尼基佛洛夫 教授

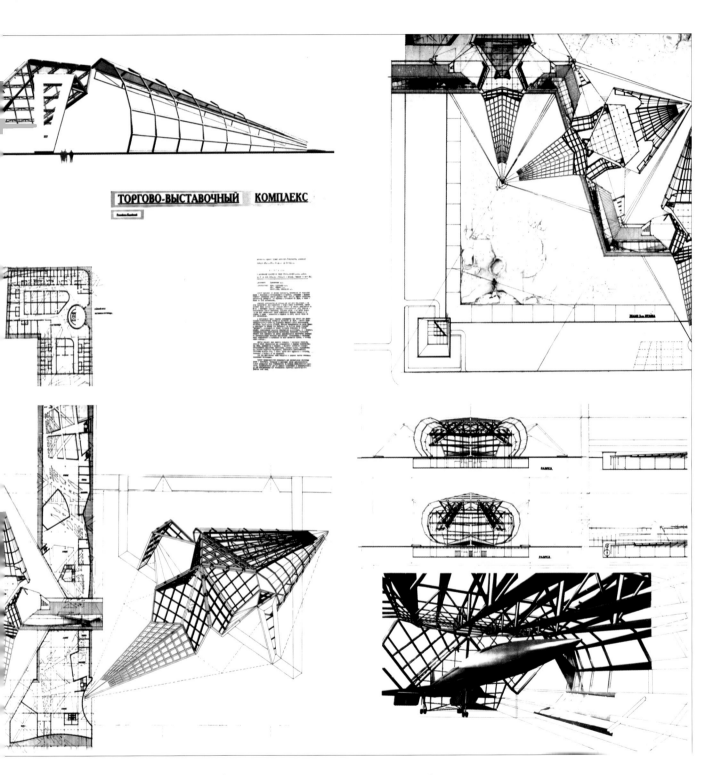

贸易展览中心建筑空间结构的主体,采用了朝鲜民族玩具的特色,它是用一张纸做的,而且把它拉到最长端时,它的容积就会发生变化——青蛙原形。这赋予了该建筑的民族特色,并且是得到变化的展览建筑。

234　建筑师专业化教育方向之四——工业建筑设计专业

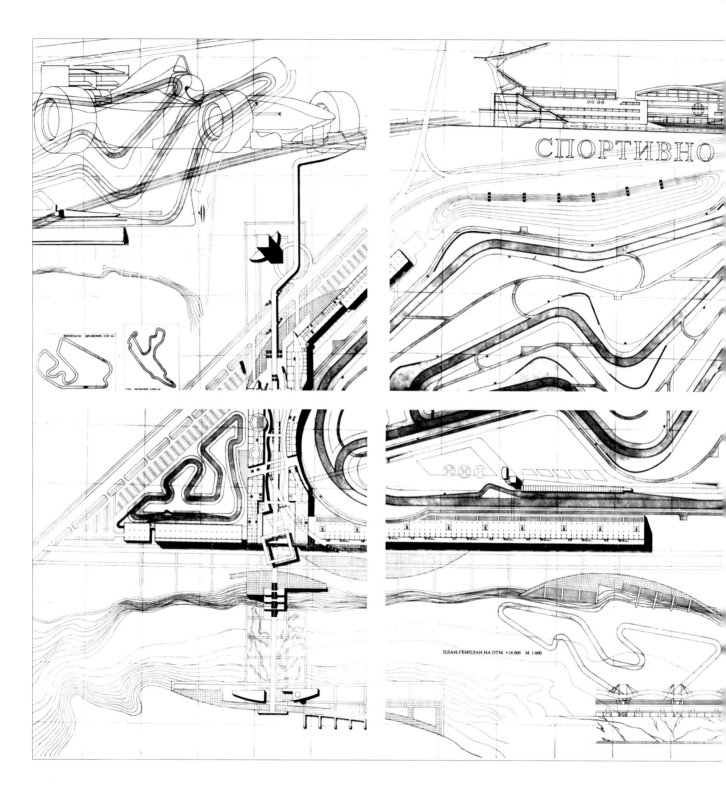

毕业设计——1996年
体育技术中心
作者：H.日丹诺夫
导师：C.B.季米多夫 教授
　　　B.K.加波娃 副教授
建筑师：B.K.费辛卡 教授

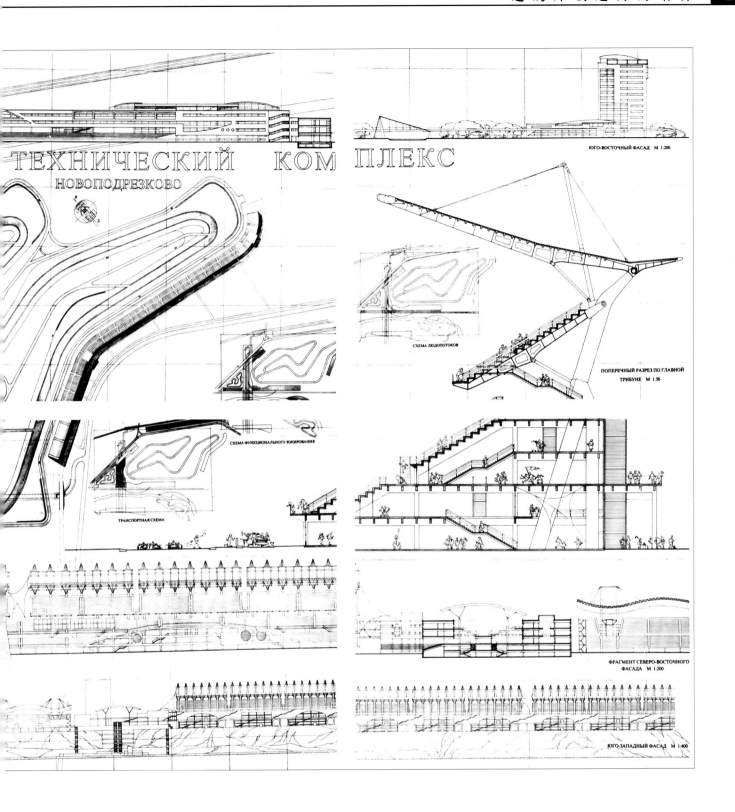

该体育技术中心用作国际水准环形汽车赛,它由三个相同的赛道、观众席及服务楼组成。

整体构造是以风景如画的赛道对比与直转弯处的观众及服务性建筑为基础的。

建筑师专业化教育方向之四——工业建筑设计专业

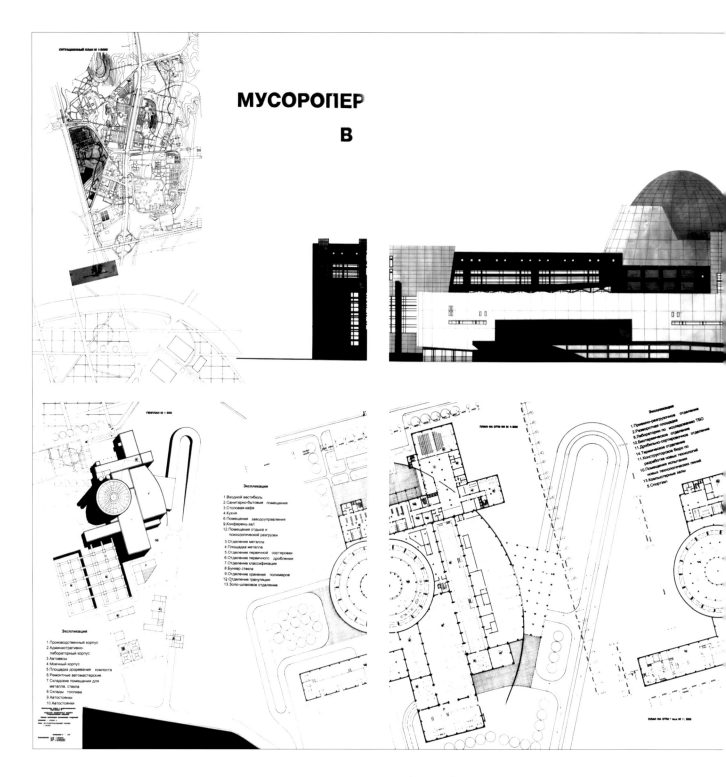

毕业设计——1997年
莫斯科垃圾处理综合建筑
作者：E.A.阿列赫娜
导师：Г.M.阿克拉诺维奇 教授
　　　O.P.玛姆列耶夫 教授
　　　E.A.涅斯杰连卡 副教授

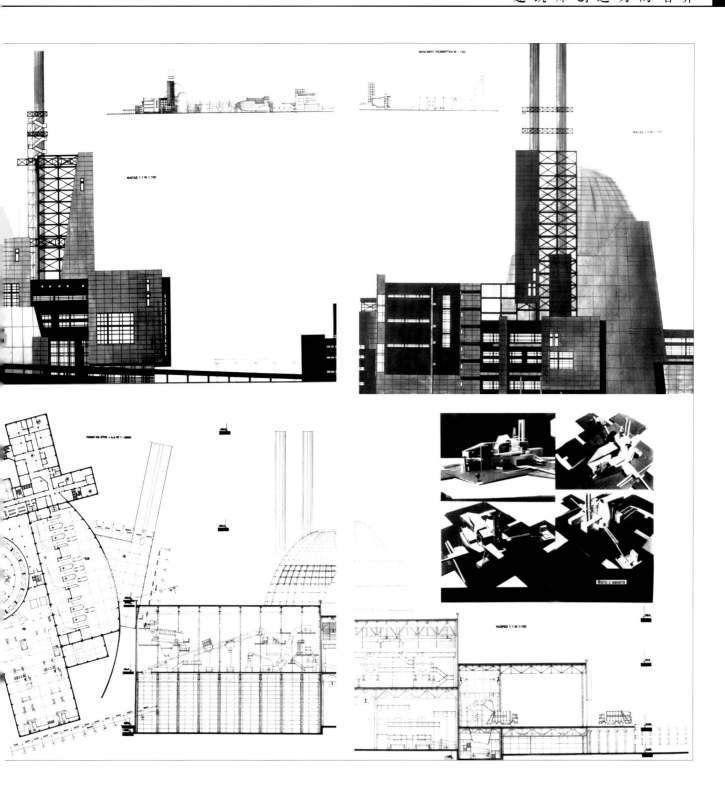

　　该综合建筑的高度整体化成分,保证了生产功能优化和创造有感染力的建筑结构形象,其中热力系统的圆形屋顶,达到构造上的统一,主要得益于颜色的解决,其中以蓝色为主。

建筑师专业化教育方向之四——工业建筑设计专业

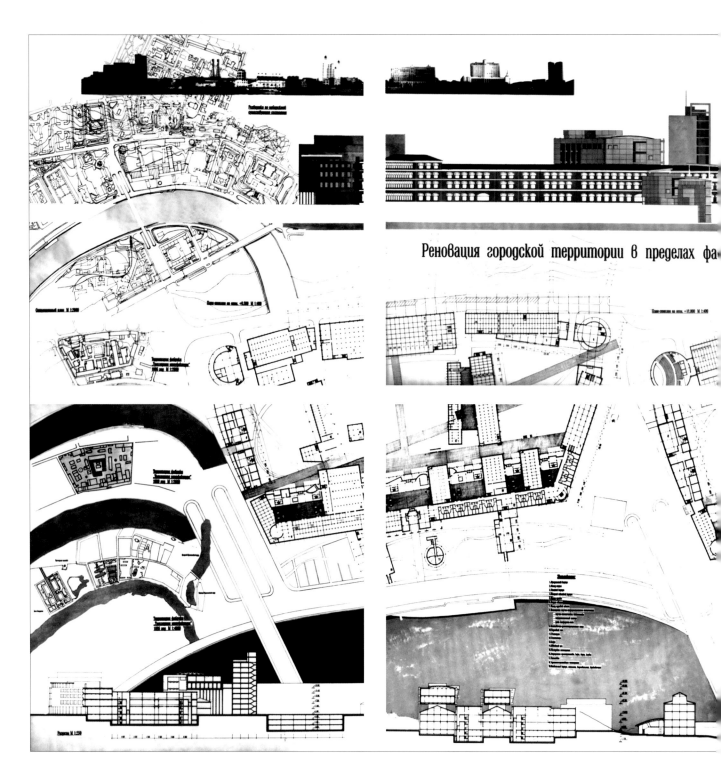

毕业设计——1997年
在"三山手工工场",内改建克拉斯诺普列斯涅河沿街岸
工程
作者: H.M.欣诺娃
导师: O.P.玛姆列耶夫 教授
　　　Г.M.阿革拉诺维奇 教授
　　　F.A.涅斯杰连卡 副教授

建筑师创造力的培养

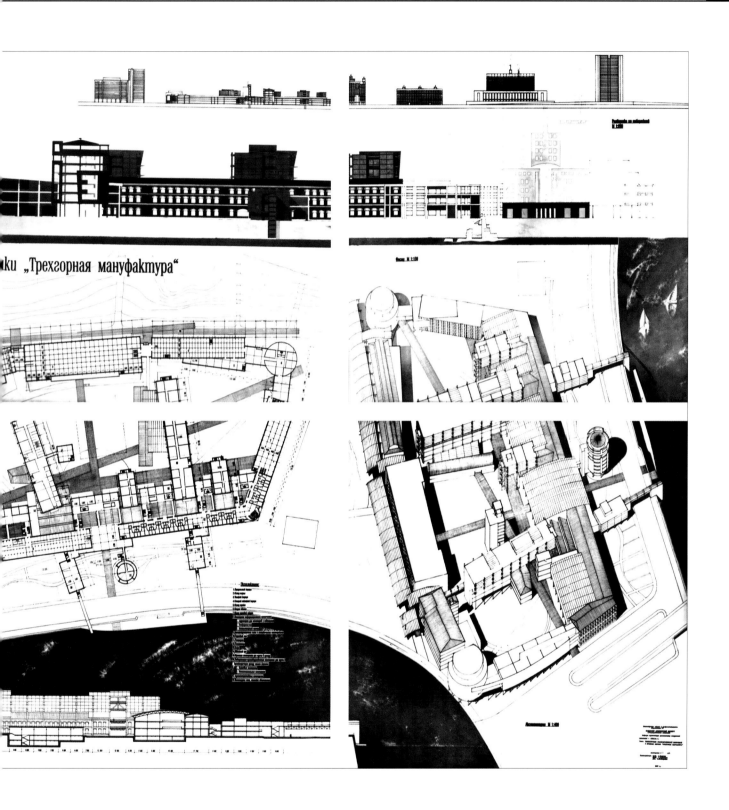

改造及更新"三山手工工场"的设想是要最大限度地保存19世纪工业企业的历史建筑特色,以促进这一企业向现代工业综合企业迈进,成为可行性建筑。

240 建筑师专业化教育方向之四——工业建筑设计专业

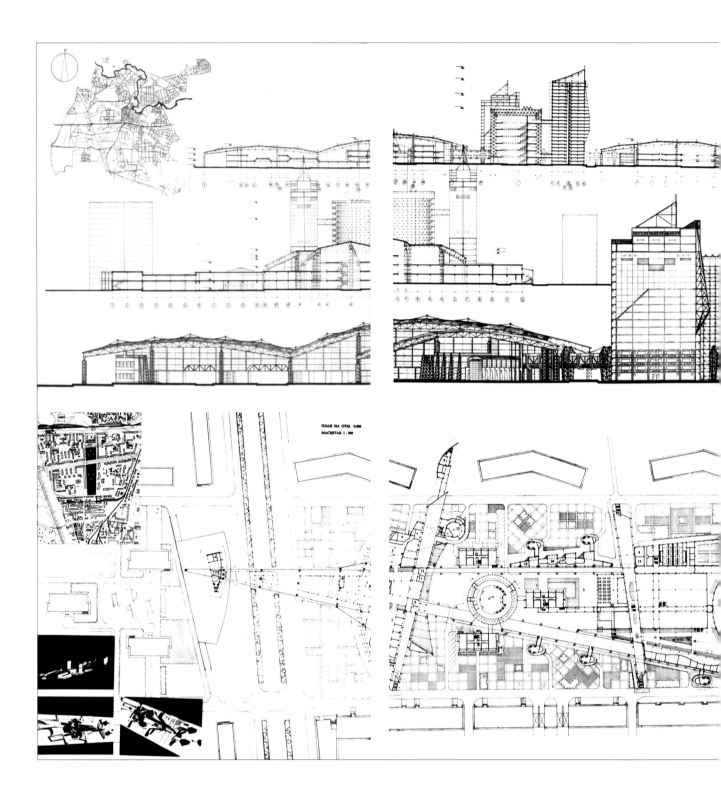

毕业设计——1997年
变算技术中心
作者：M.B.萨姆先卡
导师：A.A.费辛卡 教授
　　　B.B.玛尔黑尼娜 副教授
　　　K.Ю.契斯加科夫 副教授

建筑师创造力的培养

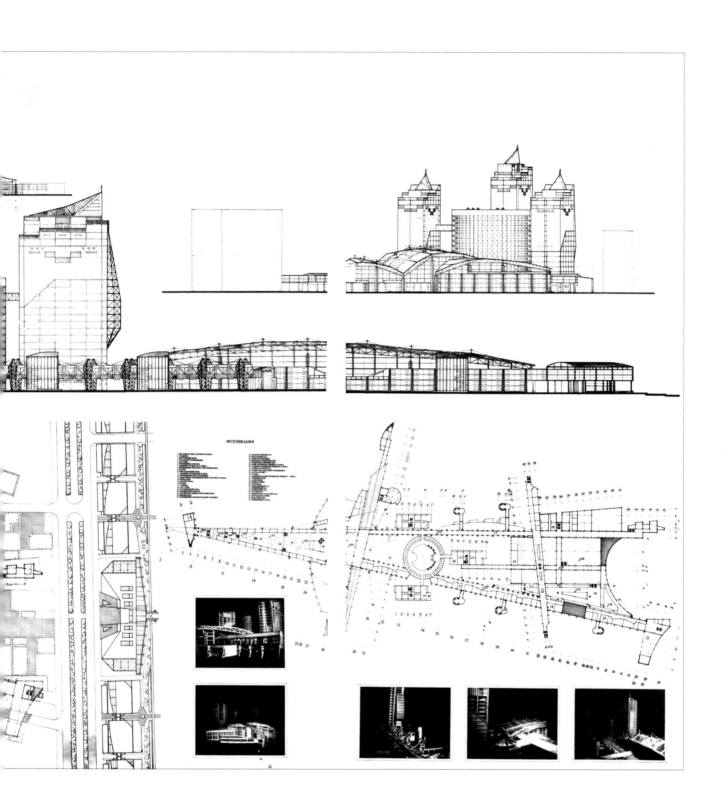

为了建设这一中心,在多层居民楼中腾出了一块地方。中心分成一系列功能区,这些功能区由地下走廊连接。主要的精力花在与其功能相配的艺术形象创造上,当然也有"第五正面"问题——有表现力的建筑楼顶构造,使其楼顶可以从环绕工业综合楼群的居民楼上一望而见。

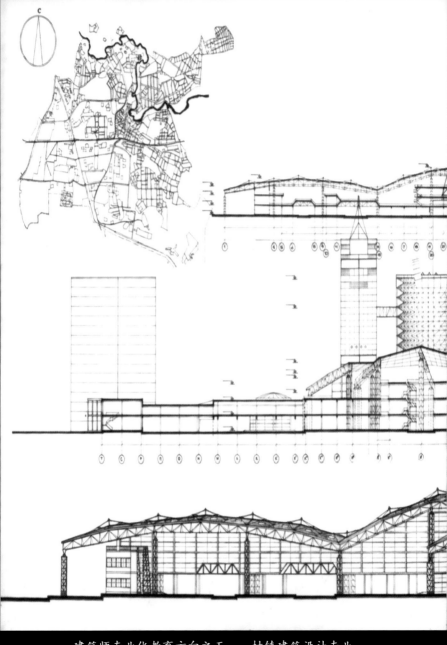

建筑师专业化教育方向之五——村镇建筑设计专业

建筑师专业化教育方向之五
——村镇建筑设计专业

B.M.诺维科夫　教授

村镇建筑设计系，主要是培养学生对农村建筑、农村企业等有关农村问题的建筑设计研究的兴趣、能力。

村镇建筑设计系教学科研活动的目的是综合研究、设计农村生产环境中相关的居住、生活、服务、生产等建筑。这些建筑是与自然环境紧密相关的，这类建筑集中在一起，形成了村镇聚居区城市的基本组成单位，形成了一个城市系统中新的组成元素即农村建筑综合体。

在前苏联时期，由于强调农村生产集体农庄式综合效益，农村建筑综合体取得了一定发展，如集体农庄，国家的农场、近郊农场、农业合作社、农业公司、城区农业企业等。这种不同类型的农村建筑组织形式，要求学生在设计中广泛解决相关的城市规划与建筑问题，如良好的落实农村建筑综合体的具体选址，以协调区域规划与景观环境组织问题；规划设计不同类型的建筑与构筑物，如农村生产型的、居住型的、公共服务型的设施等。广泛的农村建筑设计问题提供给学生较多的毕业设计题目与任务。毕业设计应从理论与方法多层次地解决这些问题。

五年级设计
村镇居住区建筑
村镇居住区建筑的综合设计
作者：H.B.拉伊弗勒德
指导教师：B.A.诺维克夫 教授
　　　　　B.H.多兹普里林斯基

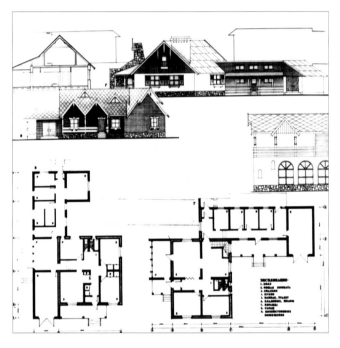

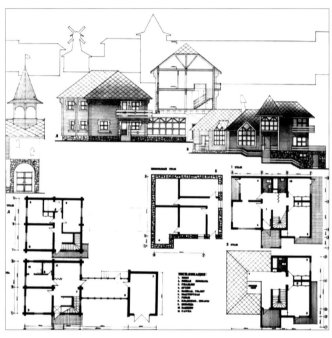

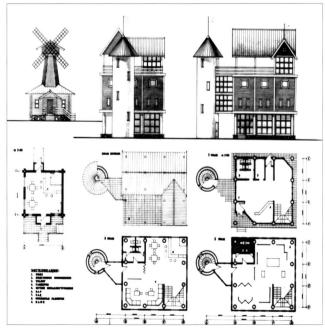

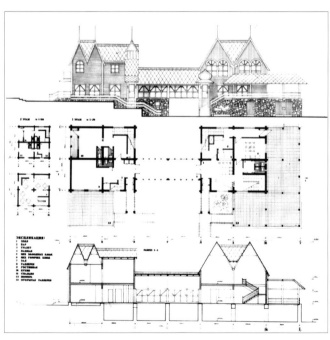

基本的设计思想源于农村新经济类型的建立——居住小区的组成是为满足当地各种类型的居民生活与生产服务。

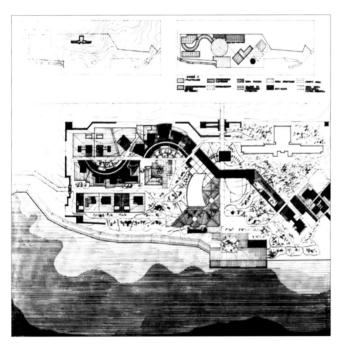
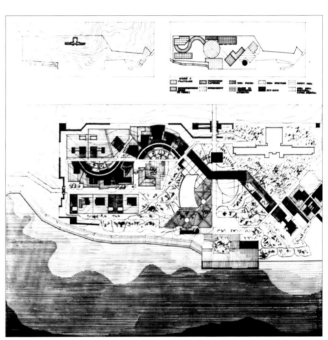
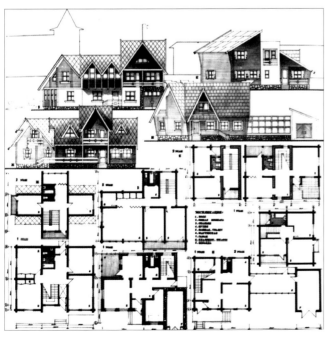
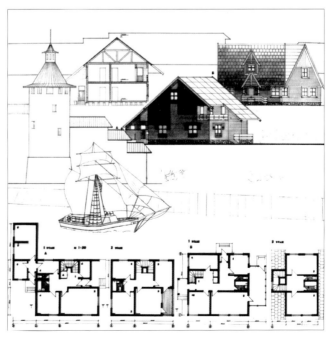

246　建筑师专业化教育方向之五——村镇建筑设计专业

毕业设计——1996年
民族公园内的旅游中心——"北部俄罗斯"
作者：А.Н.卡曼涅娃
导师：В.А.诺维可夫 副教授
助理：В.Н.普里林斯基

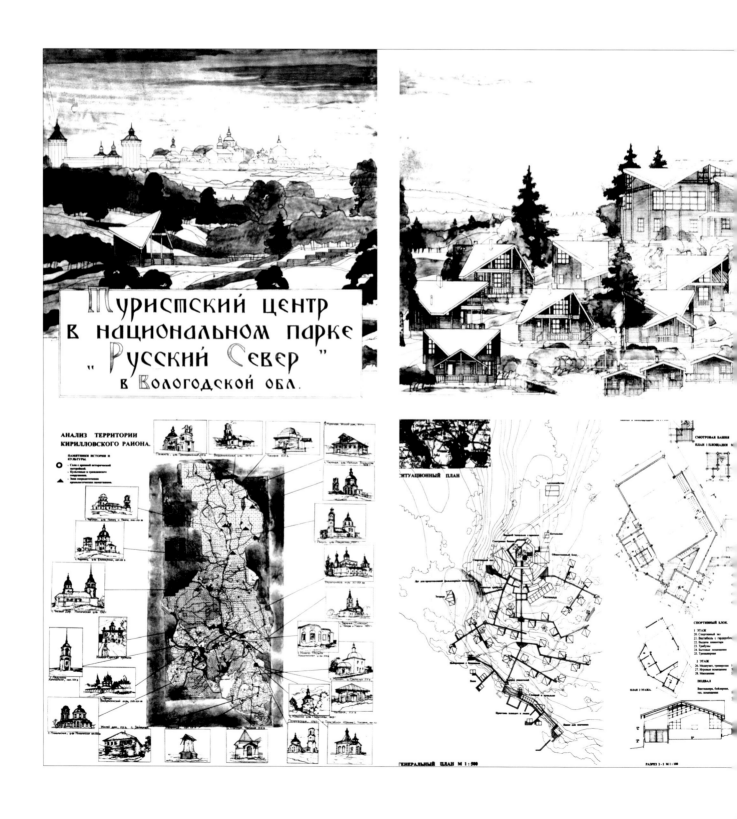

设计方案依据民族公园"北部俄罗斯"的土地规划与建设机构的要求,并考虑了国际旅游与乡村旅游业的长远发展,最主要的是建立多项现代化服务设施与多种类型的旅馆——这样俄罗斯式住宅可供全家及个人休憩。乡村旅游建筑应用了俄罗斯北部传统的木屋营造术。

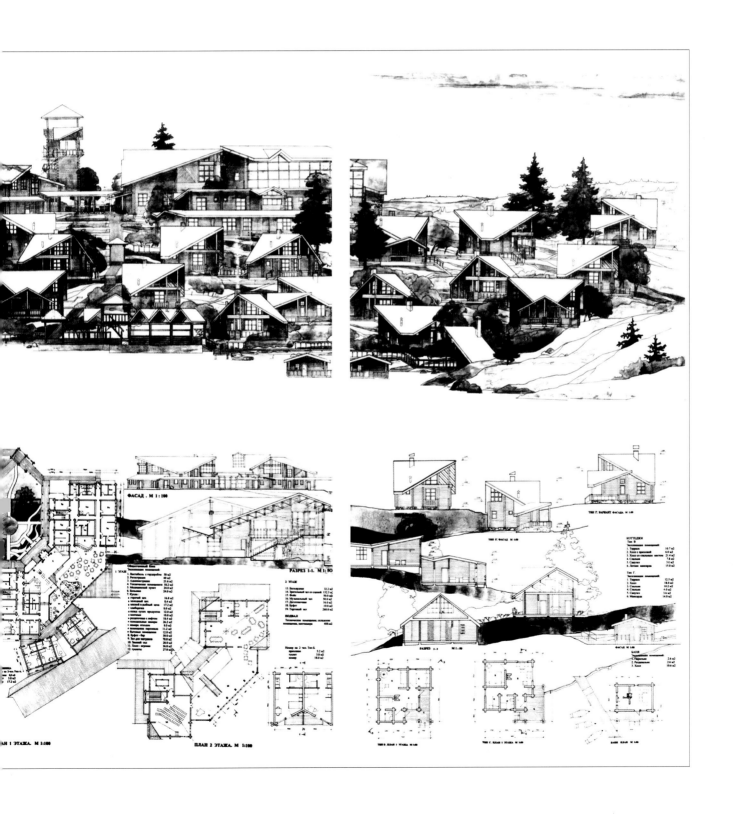

建筑师专业化教育方向之五——村镇建筑设计专业

毕业设计——1996年
家庭农场
作者：A.P.赛力克
指导教师：H.H.盖拉斯江 教授
　　　　　O.K.谷鲁列夫 教授

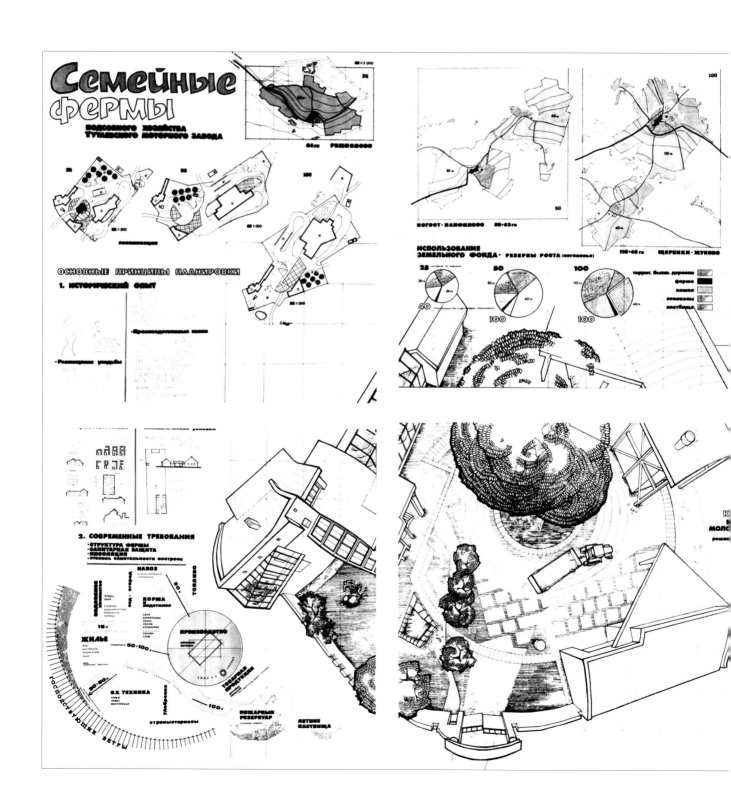

农场内围绕古树的生产设施与住宅，为生态建筑。采暖利用太阳能和风能；房屋的建造应用当地生产的木材组合而成。

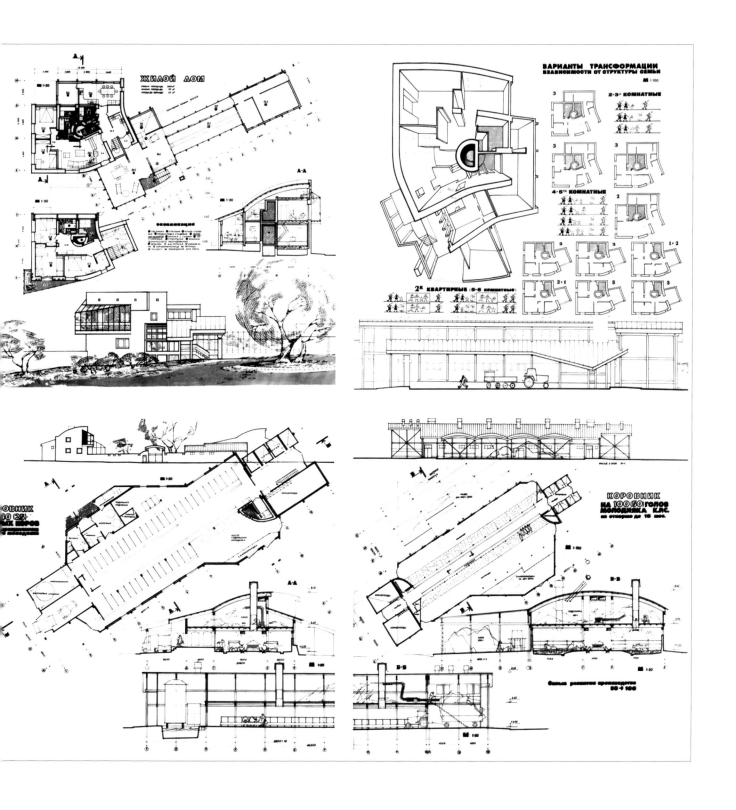

建筑师专业化教育方向之六——景观建筑学专业

建筑师专业化教育方向之六
——景观建筑学专业

C. 阿热戈夫　教授

景观建筑是建筑创作领域中最重要的一个环节。它也像其他类型的建筑设计一样，也把处理好功能、技术与空间环境组织的关系作为创作的目标，以便让人类更好地生活与工作。然而，景观建筑设计是一个开放空间环境的设计，空间被封闭形体结构所限定，像公园、花园、广场、街区、街道空间等。如同其他自然区域的发展一样，这类开放空间的设计是景观建筑学的主要研究课题。景观建筑面对的是广泛意义上的自然与人工环境的创造，植被、水景、大地，被看做如同石头、金属、木材、水泥一样的建筑材料，被应用到景观建筑设计中。

自然植被的组织，场地的整治，新的水体，地面铺装，人工环境构筑物的建造，如水坝、栅栏、桥、喷泉、纪念碑、不同的街景小品等，都属于景观建筑学研究的内容，其目的就是人造环境与自然环境的完美协调。

在一些国家，景观建筑学专业已单独成为一独立的专业范畴，且拥有独立教育培训机构。莫斯科建筑学院景观建筑系，是前苏联第一个教学科研中心，每年有15～25名毕业生。1988年起，莫斯科建筑学院从三年级开始景观建筑教育，三四年级学生接触景观建筑专业是在基础建筑教育部进行的。学生接受四个不同程度的、有关开放空间环境组织的课程设计，三年级学生还接受景观建筑历史教育；四年级接受必要的园林树木学的教学训练；五六年级则接受正规的景观建筑专业训练；六年级的毕业设计题目一般都在具体的环境中进行，大多是相关单位提出的现实方案。

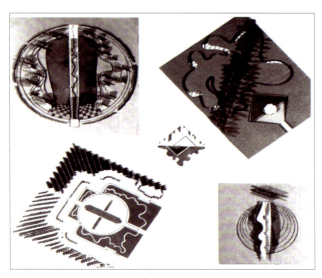

五年级——主题公园设计
公园"历史美学"
学生：H.扎拉托娃

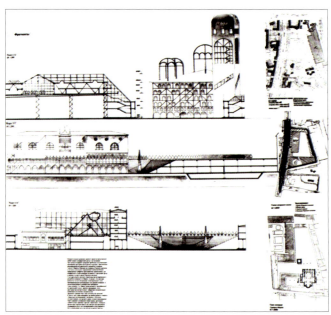

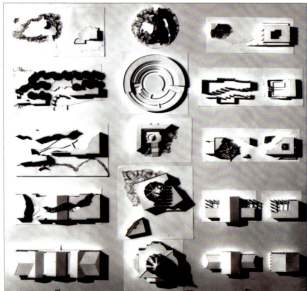

五年级——主题公园设计，公园"对立" 学生：C.萨扎诺娃

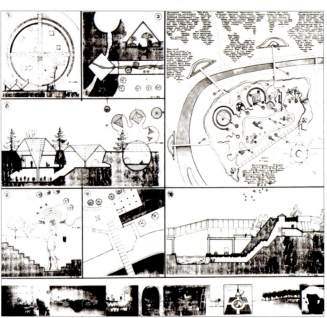

五年级——历史景观的改造

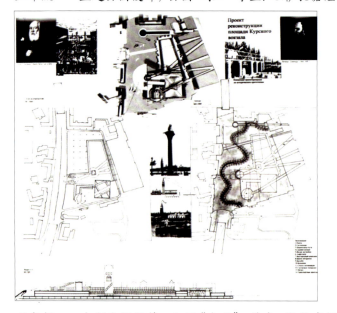

五年级——主题公园设计，公园"冬天" 学生：K.法米娜

五年级——莫斯科库鲁耶车站的重建设计
学生：М.И.巴赫姆扎娃
导师：А.Ф.克娃索夫
　　　Н.В.多兹拉扎列娃

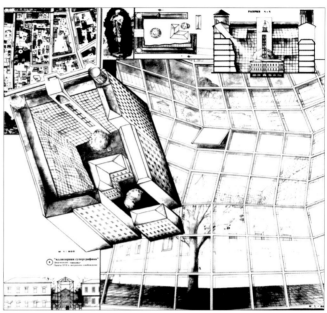

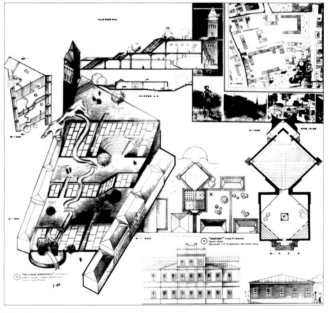

五年级——历史景观的改造

建筑师专业化教育方向之六——景观建筑学专业

毕业设计——1996年
维罗斯拉夫的神圣的伊林隐修院
作者：B.A.如拉夫列夫
导师：A.Ф.克娃索夫

圣婴修道院的设计表明新入伊林隐修道院非常注重其庭院的景观建筑。公园的总体规划为——十字交叉轴。结构的中心，即十字交叉口处坐落着教堂。修道院的四

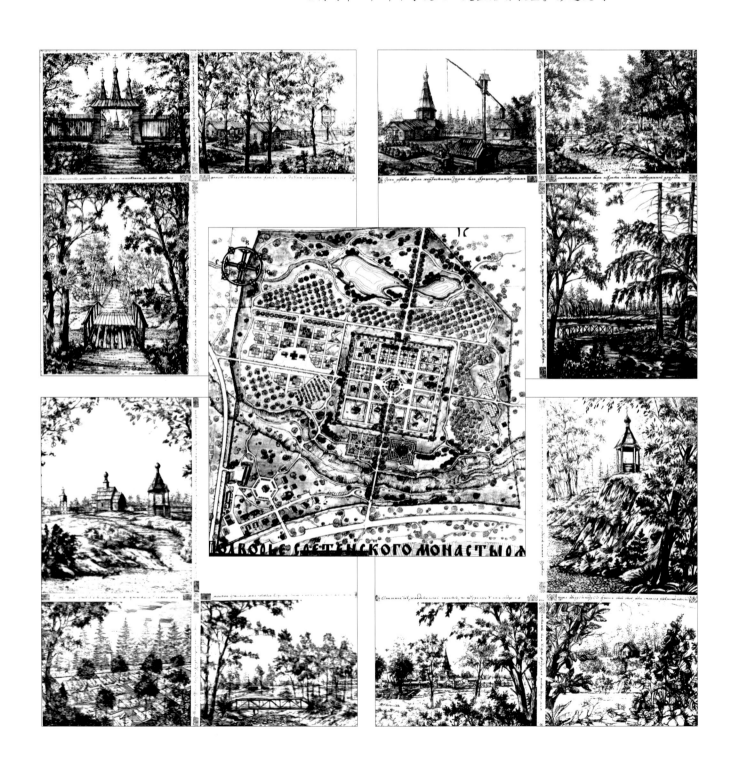

方形领地以其为中心向外扩展。而把主要的林阴道与乡村道路相连，使其形成系统。公园的形成也需解决一些问题：如对处于重要位置的树木需进行特别具体的选择。为丰富景观，需对树木、灌木、花木进行合理的搭配。

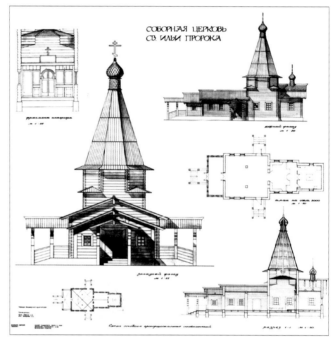

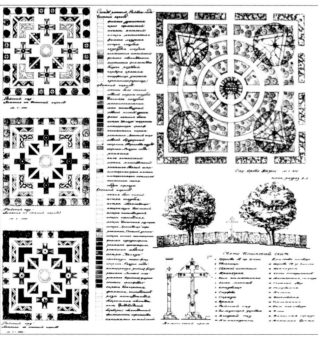

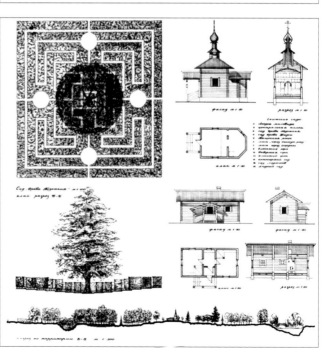

建筑师专业化教育方向之六 —— 景观建筑学专业

毕业设计——1997年
莫斯科城的留勃林斯克地理公园
作者：B.E.肯切夫斯基
导师：A.ф.克瓦索夫 教授

　　地理公园计划建立在生态危机地区。选择留勃林斯

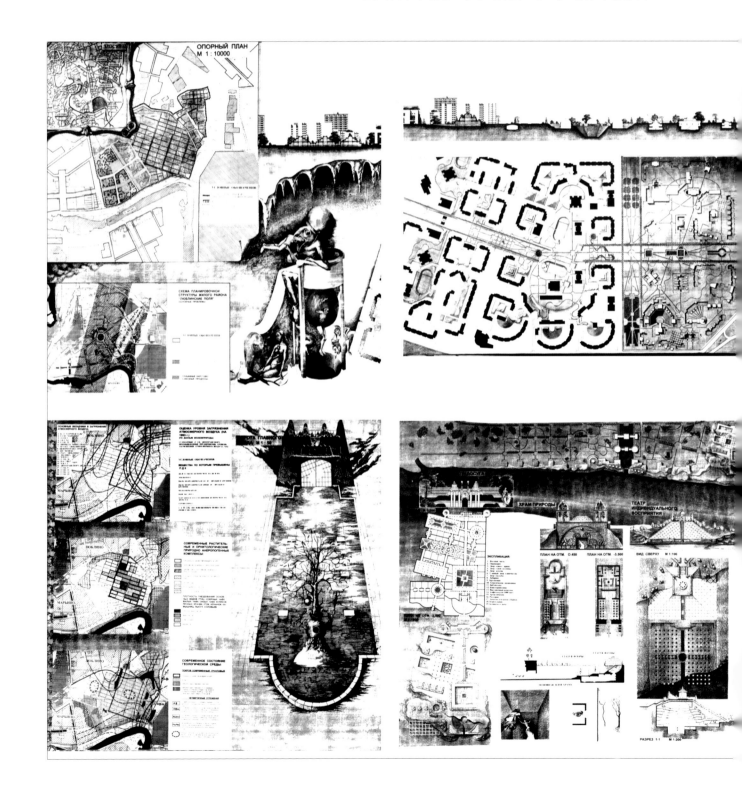

克地区是因为该地区已有生态危机迹象。被污染土地的清理工作需通过新的技术。设计方案提出了一系列解决方式：

生态建筑的艺术性，神话般的地下空间激励着设计者建设多功能公园。

主要内容有休闲中心、自然殿堂、个体感受剧场、建筑师 H.A.勒沃娃设计的博物馆、鸟类禁猎科学中心。

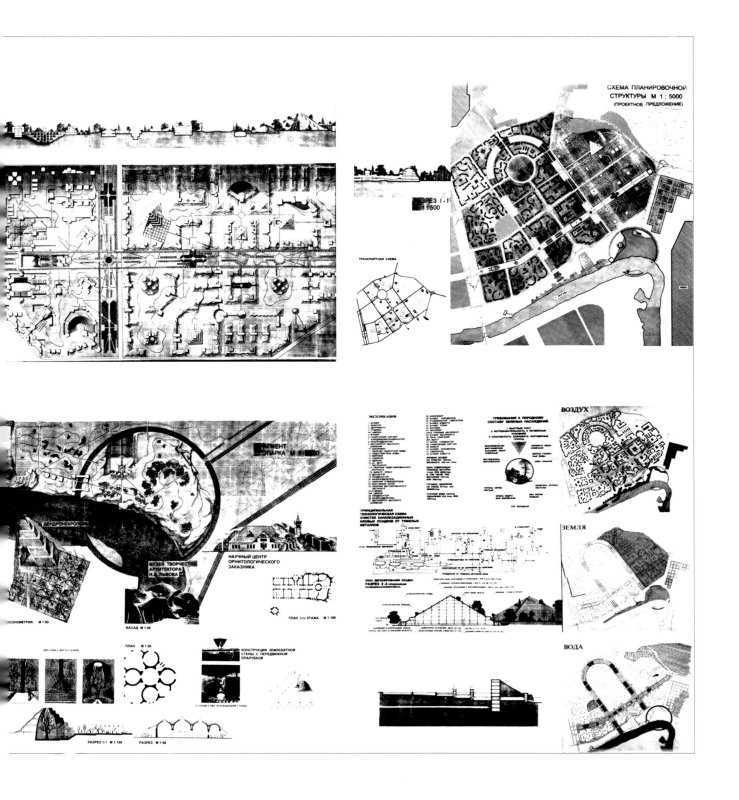

建筑师专业化教育方向之六——景观建筑学专业

毕业设计——1997年
莫斯科列夫阿勒托夫公园建筑景观的重建
作者：B.A.塔拉索夫
导师：A.ф.克娃索夫
　　　H.B.多兹拉扎列娃 教授

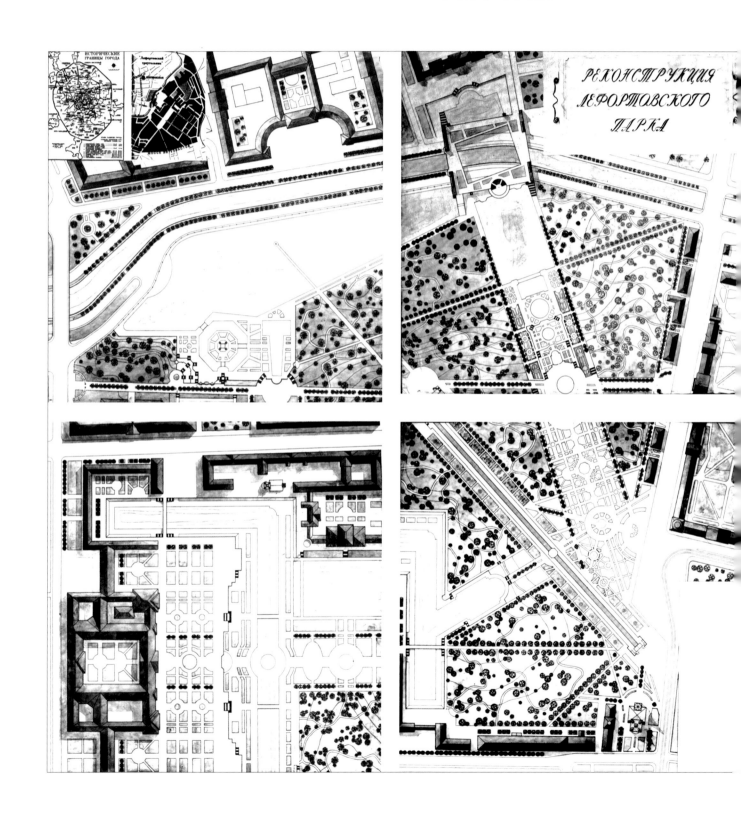

此设计主旨：重建著名的列夫阿勒托夫公园，这是历史纪念物与艺术景观的再现。重建的基本标准为：将土地从破旧的无价值的建筑中解脱出来，即重建格拉温斯克宫与圣母升天教堂。

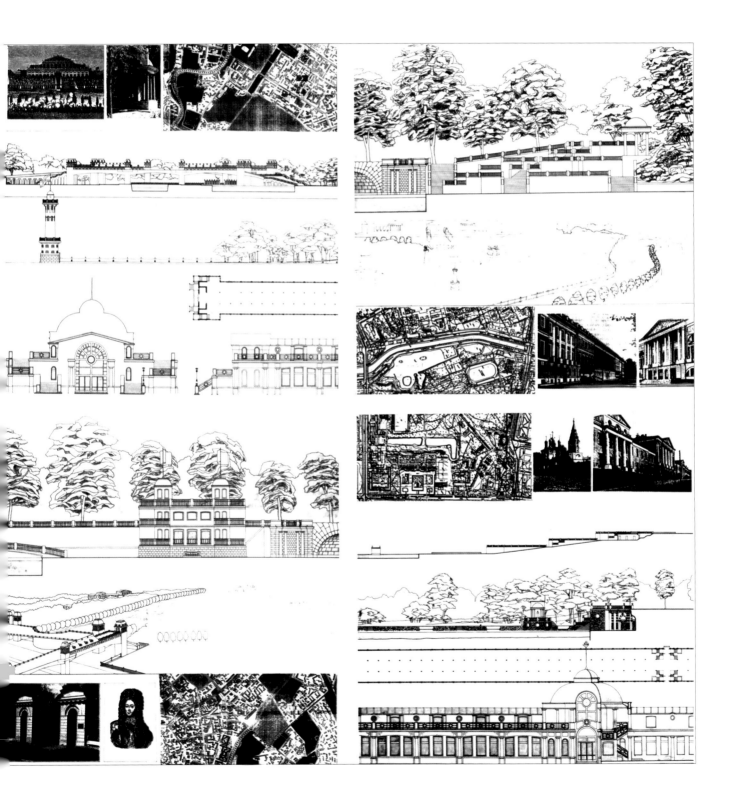

建筑师专业化教育方向之六——景观建筑学专业

毕业设计——1990年 花园之路
作者：A.德拉特曼诺娃
导师：A.Ж.克瓦索夫
　　毕业设计花园之路选址在一生态敏感度极高的滨水

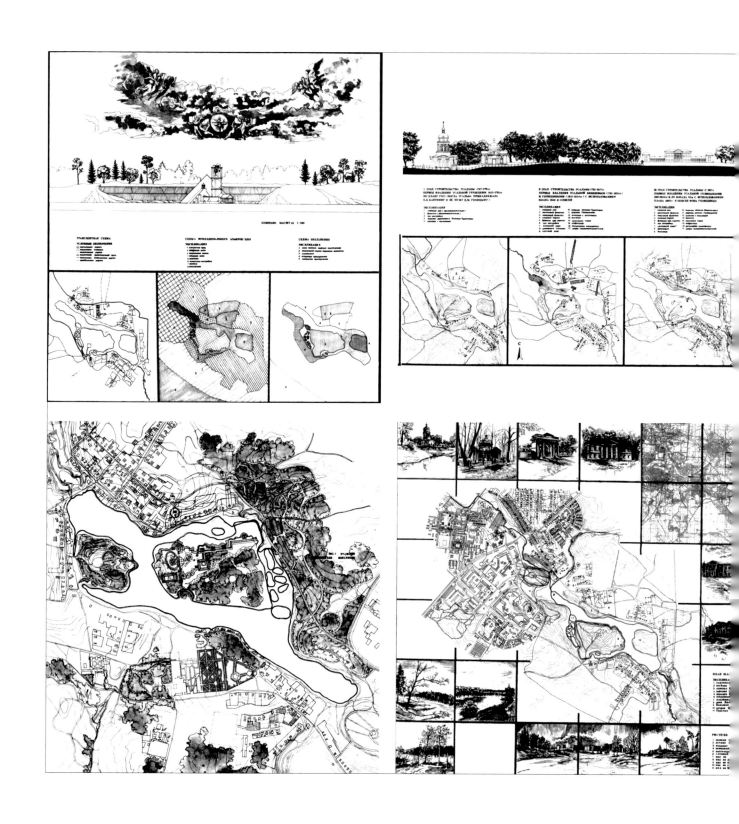

湿地地区，毕业生极大地关注了人工环境与自然环境的融合问题，并对生态敏感地区的生态恢复提出了自己的看法。毕业生良好的艺术功底，线条图纸的精细与准确，同时也表达了作者对自然的向往。

建筑师专业化教育方向之七——古建筑的修复与保护专业

建筑师专业化教育方向之七
——古建筑的修复与保护专业

Ю.拉宁斯基 教授

古建筑的修复与保护专业与莫斯科建筑学院其他的职业建筑师专门化教育方向一样,毕业设计是这个专门化教育方向的最后阶段。但其毕业设计阶段的教育又有自身的特点,就是必须结合特定的建筑与城市历史的研究过程,创造性地再创作,以适应现代的要求。

研究工作的目标为:再现古建筑所有层面上的历史、文化信息和它们在建筑历史、人类文化史中的地位与作用;再现它与现在的城市规划、组织结构、肌理的相互联系。在实际设计过程中,这种研究工作应贯穿于本专业设计的始终,不能有丝毫差错,因为任何一点纰漏都会影响设计成果。所以在教学中、在学生的设计过程中,实际的修复条件不可能完全地模拟给学生。这就是为什么在古建筑的修复与保护专业毕业设计前应进行两个阶段的毕业前设计。

这两个毕业前设计题目分别针对古建筑的修复与保护和历史街区的改造,修复与保护是针对文物建筑的,是恢复历史建筑文化价值的被动式专业活动,而历史建筑的改造是为适应现代生活的需要主动地去再创造的专业过程。这两个毕业前设计题目可以使学生尽可能地了解本专业的特殊性与专业技能。

在古建筑的修复与保护专业设计创作中,历史建筑形式的再创造,是现代生活中形式的再利用,就像建筑与周围环境的联系一样,是一种总体与局部的关系。修复与保护的最佳专业手段可以更好地再现城市艺术的魅力。

古建筑的修复与保护专业,毕业设计包括以下阶段:

①对历史文物古迹建筑现状的分析研究、建筑历史进程的资料收集,学生以研究报告的形式完成这一阶段工作。

②对文物历史建筑的保护与修复改造,形成总体思路与概念以及体现特定城市环境中的现代应用价值。

③实施创造性解决课题的总体计划。

④完成具体的图纸设计、模型制作,对工程技术问题、色彩问题、细部的完善、具体的操作工艺等的研究。

本专业的毕业设计都是针对现实的历史文物建筑进行的,基本上都是具有实际意义的课题,有时毕业设计成果可以是科学研究报告。

建筑师专业化教育方向之七——古建筑的修复与保护专业

毕业设计——1997年 科达尔尼克喀山教堂修复
作者：E.阿列尔斯卡娅
导师：C.巴德娅波尔斯基 教授

在科达尔尼克广阔地俄罗斯古村镇地区，分布着许多17～19世纪的教堂，来自该地区的毕业生以一个地方主义者的热情完成了该地区喀山教堂的修复与保护研究。首先，毕业生对该教育进行了细致的测绘，并在导

建筑师创造力的培养

师的指导下从文献方面进行了大量深入的考证，完成了100多页的历史调研报告，为毕业设计积累了良好的素材。在此基础上毕业生对教堂建筑的整体及立面造型细部提出了可行的修复与保护方案。2m×2m的教堂立面水墨渲染即详实地描绘了教堂的风貌，也反映了作者扎实的功底。该毕业设计获1997年莫斯科建筑学院优秀毕业设计二等奖。

建筑师专业化教育方向之七——古建筑的修复与保护专业

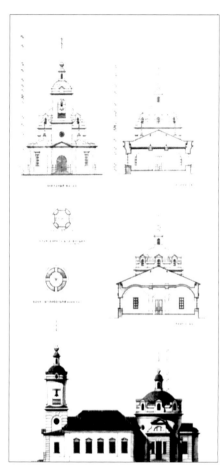

毕业设计——1997年
阿诺西娜·巴列斯格列博修道院的特罗伊斯教堂修复
作者：E.阿夫契尼科娃
导师：C.巴德娅波尔斯基 教授

建筑师创造力的培养 267

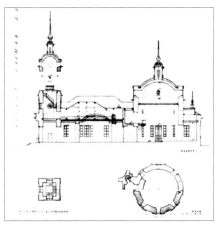
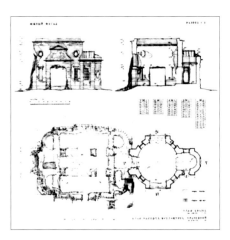
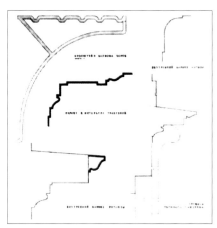
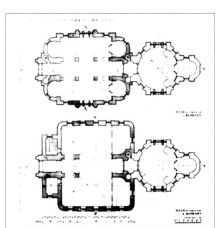
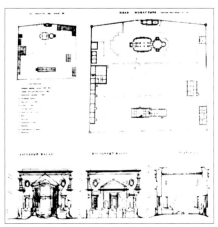
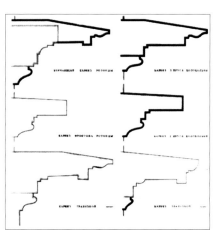

阿诺西娜·巴列斯格列博修道院的特罗伊斯教堂修建于1786年，来自该地区的女毕业生细致而详实地表达了她对该教室修复的方案。特别是对教堂细部线角的修复与保护方案反映了作者敏锐的观察与详细的历史考证。

268　建筑师专业化教育方向之七——古建筑的修复与保护专业

毕业设计——1995年
别洛泽尔斯克基立尔修道院基立尔教堂圣像壁的修复
作者：д.布尼娜
导师：C.C.帕德雅波尔斯基 教授
　　　п.A.史托娃 建筑师
　　　г.B.姆德洛夫 建筑师
基立尔教堂的圣像壁始建于18世纪末。之后，被分割成若

建筑师创造力的培养

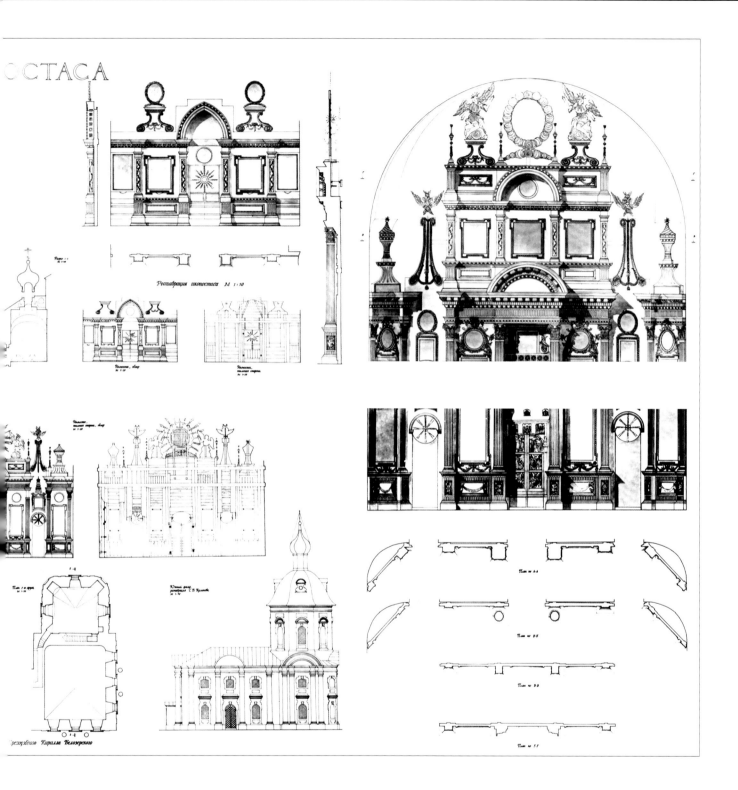

干部分，并被移到了另外两个修道院，其中一些圣像细部被绘上了新的色彩，故被曲解并造成了一定损失。为了确定原有建筑，必须对历史资料进行历史研究，为此做了实地调查，并对大量最初的圣像原形做较好的识别，与后来绘画得以区别。基立尔教堂的结构、装饰的拷贝是重建教堂并保持原貌的依据。

270 建筑师专业化教育方向之七——古建筑的修复与保护专业

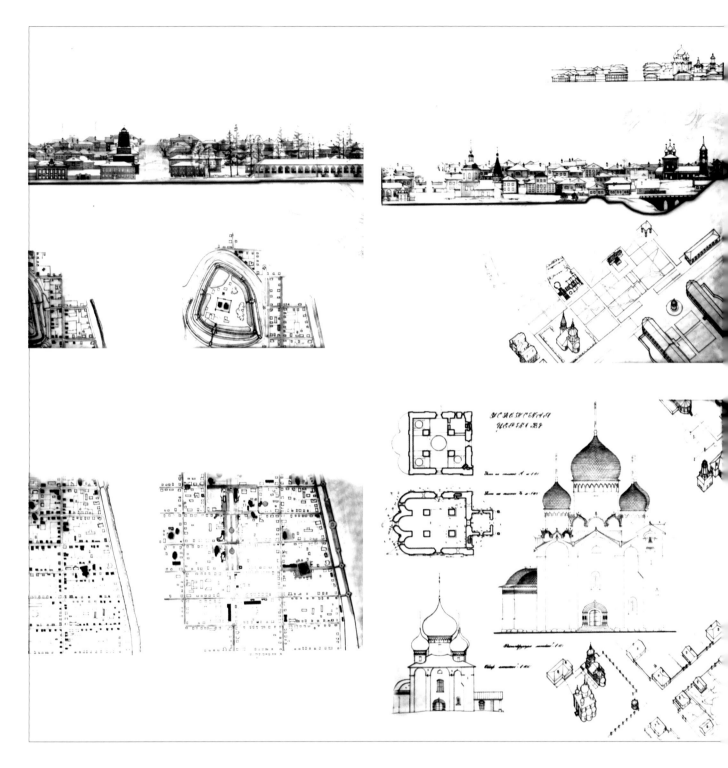

毕业设计——1996 年
别洛泽尔斯克市的历史地段改建
作者：N.N.季玛菲耶娃
导师：Ю.В.拉宁斯基 教授
　　　Н.В.莫夫尚 副教授
　　　С.С.帕德雅伯尔斯基 教授
　　　Т.С.谢米诺娃 副教授

建筑师创造力的培养

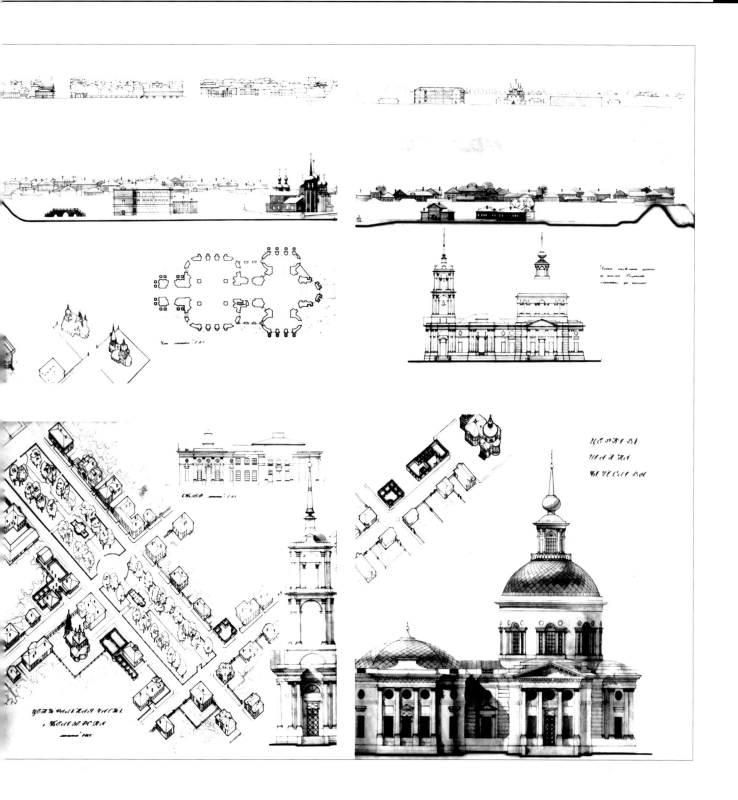

别洛泽尔斯克市是俄罗斯古老的城市之一。创始于11世纪,重建设计遵循了新城大规模建设的种种规定,并考虑了城市环境的建筑风格。设计依据市中心两个最重要的修复纪念物。教堂的修复对恢复原有的艺术性轮廓具有重要意义。

建筑师专业化教育方向之七——古建筑的修复与保护专业

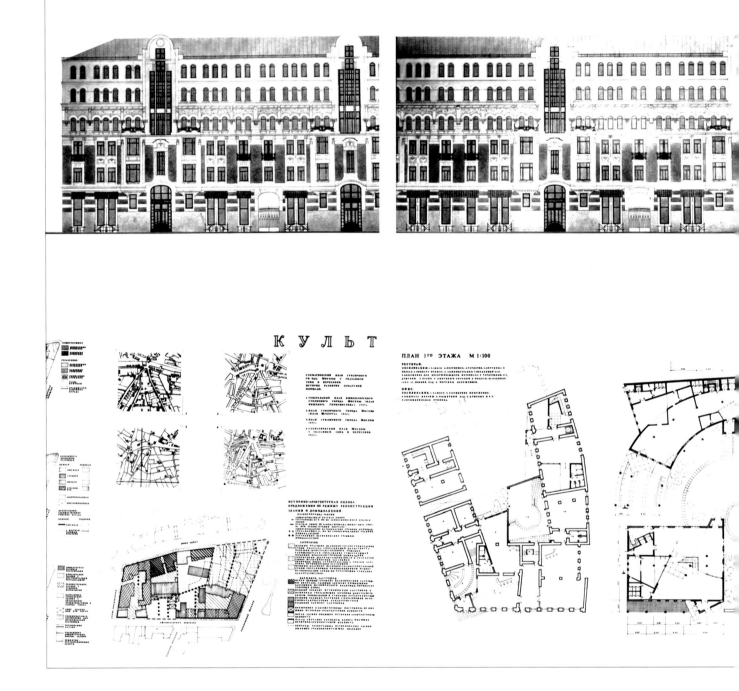

毕业设计——1996年
莫斯科基特尔街区改造
作者：M.马尔吉拉辛
导师：E.谢苗诺娃 教授
　　基特尔街区位于莫斯科的旧城中心区，是一处典型

的19世纪末的历史街区。在此街区居住了25年的毕业生针对该街区的改造，提出了一个居住者的想法。建筑立面的改造延续了街区的文脉，建筑平面的处理整合融入了新的现代街区生活。

建筑师专业化教育方向之八——建筑历史与理论专业

建筑师专业化教育方向之八
——建筑历史与理论专业

И.切列金娜 教授

"原苏联的现代外国建筑教研室"拥有丰富的教学经验与理论研究传统。教师的教研工作是通过教学计划与学生联系在一起的。教师专业知识与文化修养水准随时影响着学生。1979年，莫斯科建筑学院开始设立建筑理论方面新研究，开设了"建筑历史与理论"专业。当时，这个专业是由前苏联著名的建筑学者、前苏联艺术科学院院士O.什维德科夫斯基领导的，他是"建筑历史与理论"专业的创始人。

该专业的主要培养目标是训练职业建筑师较深厚的建筑历史与理论基础，广泛扩展与文化、可视艺术相关联的建筑专业，开展深入扎实的"建筑历史与理论"研究工作。当时只挑选了十名学生进入该专业学习，这种挑选是非常严格的，近乎苛刻。

"建筑历史与理论"专业的训练主要形式为：三个教师为一组，带领3~4名学生开展"建筑历史与理论"方面的研究工作。通过这种途径，学生与教师相配合，共同选定学生的毕业课题，学生也可以接受其他专业顾问教师的指导。在五年级，学生通常选择两个设计题目，第一个设计题目一般与现实生活紧密相关，是一个具体的设计题目；第二个设计题目是文献资料的详细论证。

每个设计题目都由两部分组成，论文与图纸表达。这两部分被认为是同等到重要的。设计题目要很慎重的选择，以扩大学生的知识面与专业技能。

题目范围为：建筑分析的方法、建筑评论、现代艺术史的问题，等等。这种专业训练的目的是增加学生的社会知识、可视艺术知识等。专业历史的训练则是通过批判地分析世界建筑大师的作品而进行的。

"建筑历史与理论"专业，毕业设计也与其他专业化方向有很大差别。一般毕业设计由两部分组成：第一部分是研究报告，这份研究报告是根据现有的研究成果归纳分析而成的；第二部分是6~8幅图纸，这份图纸应表达毕业生作为一个建筑研究工作者的学术专业技能。毕业设计的题目是与现实的建筑问题紧密相联的。

建筑师专业化教育方向之八 —— 建筑历史与理论专业

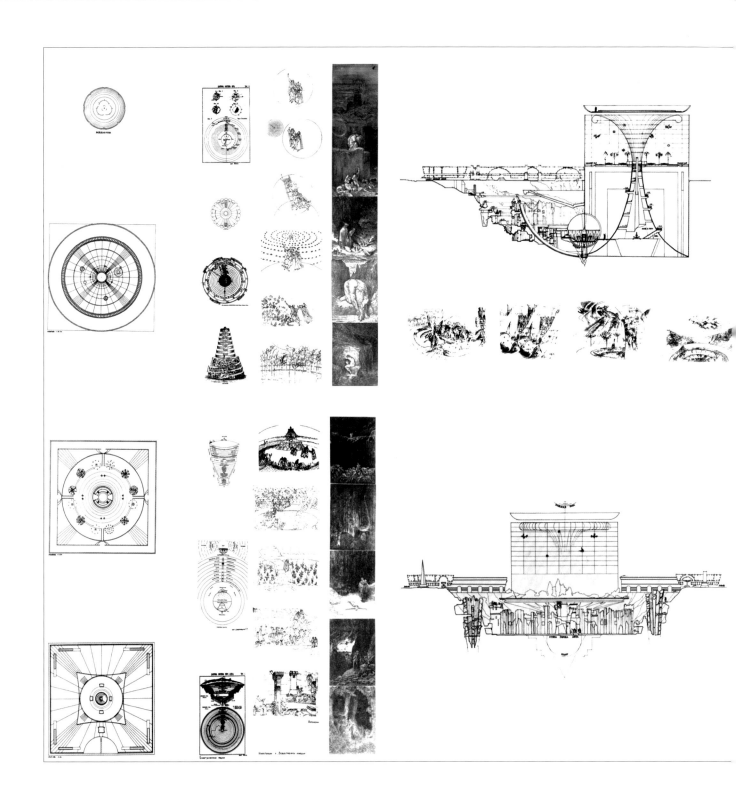

毕业设计——1997年
绿环的改建—阿尔巴特广场的文化中心
作者：N.巴甫洛娃
　　　E.斯达连柯
导师：T.C.谢米诺娃 教授
　该设计特色：街坊在阿尔巴特广场上的应用：对其

进行了详细的历史性分析,并在原有基础上发展,且建议其为文化中心。为此,将其设计成多功能大厦,在结构上有组织地合理分配:可以设置自己的餐厅、旅馆、艺术沙龙、商店及办公室。建立新的庭院式空间。庭院的应用是为了举办展览。在城市建设中积极地应用庭院是历史性的改进。

建筑师专业化教育方向之八——建筑历史与理论专业

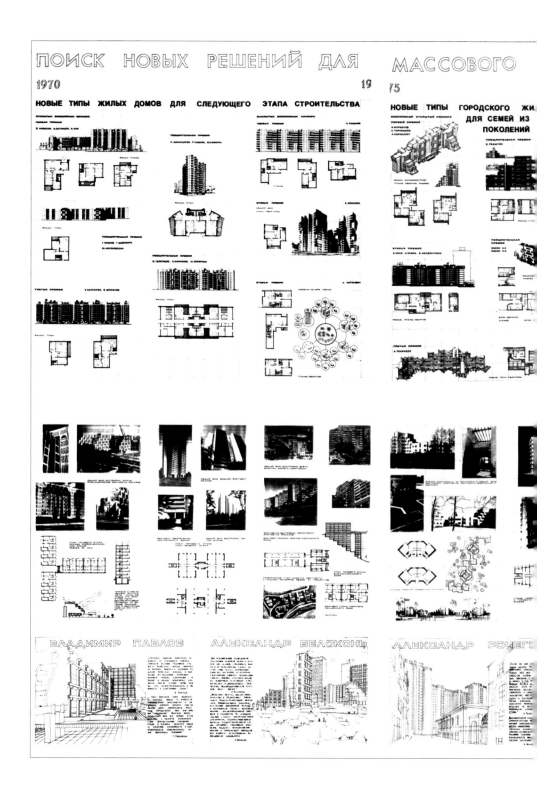

毕业设计——1985年
"20世纪70~80年代大型居住区中寻求新的建设方案"
作者：C.A.切尔卡索娃
导师：B.л.格拉子切夫 教授
　　　ц.в.申什基娜 教授
经过考查一些标准系列建筑与试验性房屋建筑的

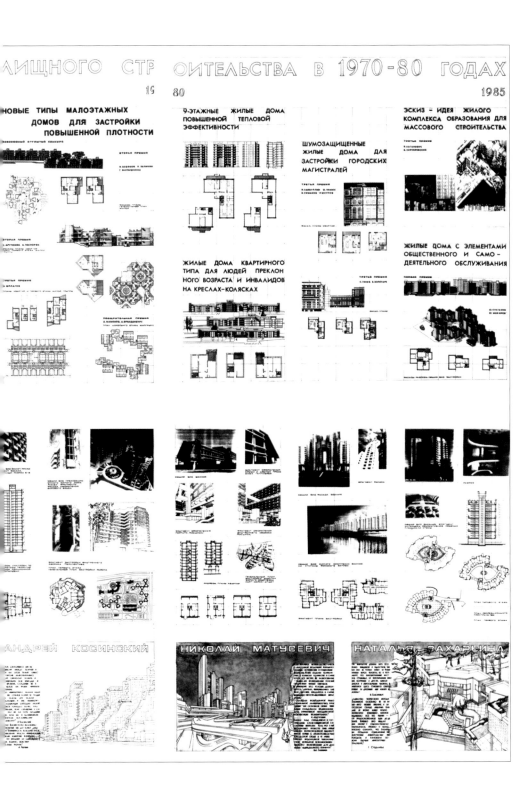

样板,以及众多的居民楼与楼群建筑竞赛的方案,分析了不同类型的住房(有优秀公共服务的楼房,一家三代而居的房子,青年公寓以及为适应不同气候及自然条件而设计的住房)。总结出许多新的构想,这些构想可以提高住房的舒适度且能达到最大限度地体现居民楼建筑风格。

建筑师专业化教育方向之八 —— 建筑历史与理论专业

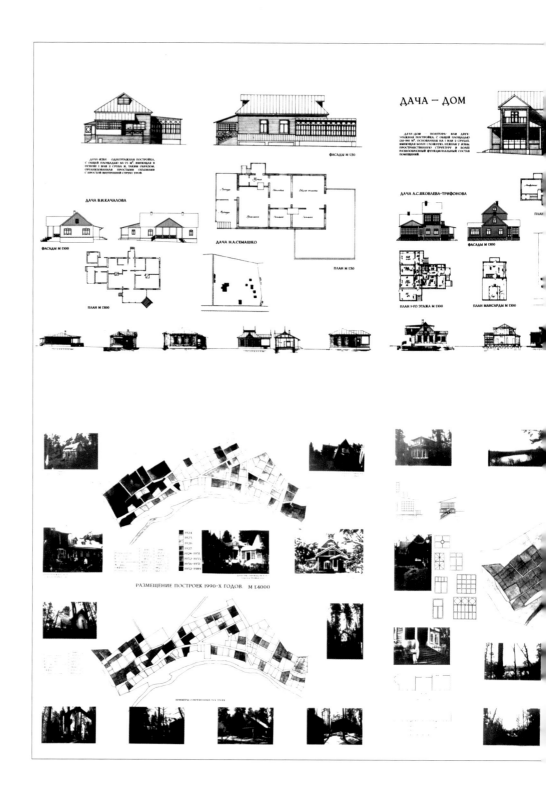

毕业设计——1997年
1920～1990年间杰出别墅村镇
作者：К.Ц.阿克谢里罗德
导师：А.П.库德利雅佐夫 教授
　　　Е.Б.奥夫尼科娃 副教授
　　　С.К.秋拉科夫

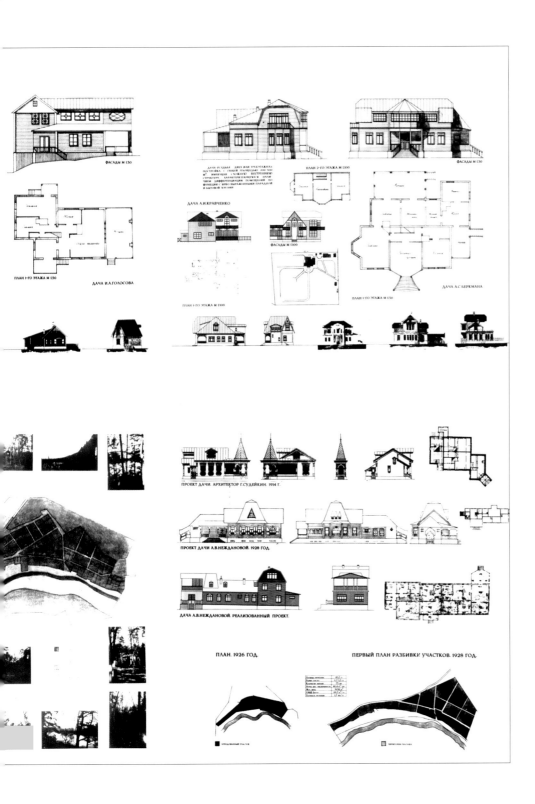

　　该别墅村镇是社会文化现象的体现,做毕业设计时,他们参考了19世纪中叶到20世纪初苏维埃中后期俄罗斯别墅的资料,并结合革命前城郊生活的传统和新的社会趋向,又审阅了尼卡林山村档案,通过比较分析,证明研究对象是实用的。建议:必须继续研究"新式别墅"现象,以及保护尼卡林山村。

建筑师专业化教育方向之八 —— 建筑历史与理论专业

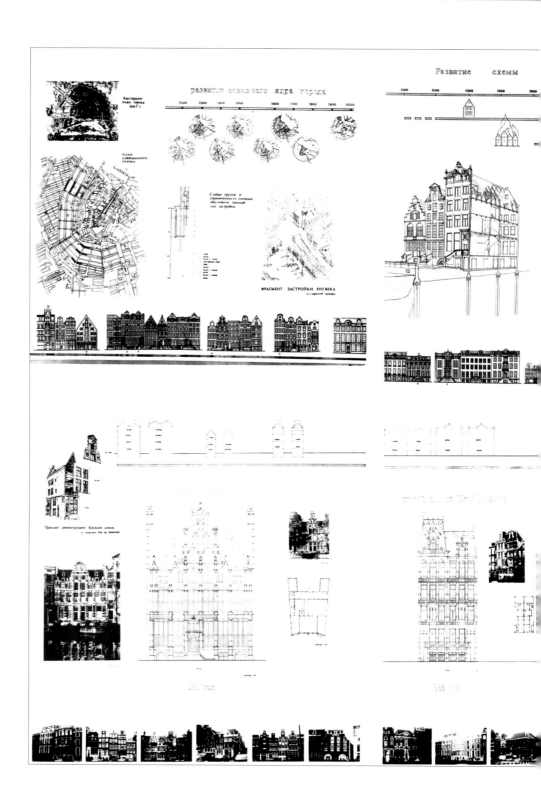

毕业设计——1996年
传统阿姆斯特丹式居民楼建筑
作者：E.A.鲁涅娃
　　　B.Л.格拉子耶夫 教授
　　　N.B.申什金娜 教授

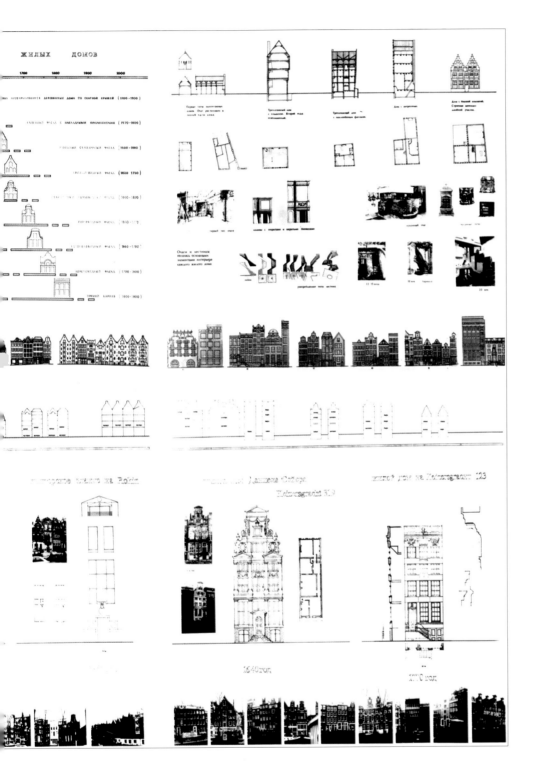

　　该设计的完成得益于实地考察了20~21世纪的阿姆斯特丹市现存的居民楼，考察发现：该楼的传统类型为狭小楼房；衔接面按不同层高设计；按功能安排楼层空间；立面构造协调；室内设计有特色。

　　为此建议：细节装饰按照当时荷兰建筑风格；而立面装饰，造型的丰富程度，则取决于住户的经济实力。

建筑师专业化教育方向之九——建筑环境设计专业

建筑师专业化教育方向之九
——建筑环境设计专业

Б.Т.什姆卡 教授

建筑环境设计这是一项全新的设计理念,它是由莫斯科建筑学院于1988年提出的,它致力于建筑形体环境一体化趋向的发展。这方面的专家综合了两种艺术形式——建筑与设计,他们形成了一种特殊的设计创作的客体——环境。综合考虑人类活动的空间、活动条件、装备系统,这足以给人类本身活动提供有效、舒适的环境空间,这一空间需要有物体来填充。

综上所述,毕业生应该做到:一方面熟练掌握我们周围任何建筑客体建筑设计方式、方法;另一方面能够装备这些建筑客体并填充空间,可以用专门装备、技术设备、家具、日常用品和装饰布景。这样一些建筑客体就成了新型艺术形式——建筑环境艺术的作品。

这一新专业的"双重"涵义也就决定了它在教学时的特殊性:把教学设计由纯建筑性转到建筑设计性。已在三年级和四年级专门设置了带有环境特点的题目:"民用住宅公共设施内部装饰的综合形成"、"城市街道和广场的完美安排"、"局部环境设施以及如何利用它们的建议"。这些题目中也包括演节目时的舞台装饰。另外一个针对设计方面的教学练习方向是有关环境对象、职能描述等因素分析,这种方向为:对环境潜在需要者生活方式的研究,对环境综合体接受条件的研究,对有关环境建筑和设计成分对观看者艺术美感的影响。这样的一些综合问题解决原则的研究等等。

教学设计的完成总是伴随着对专业理论课程的掌握。这些课程包括:环境设施设计基础学、工效学、配色学,设计前和设计中的分析。这些课程都以科学的工作方法为依据,结合着对情感上和艺术美感上的探索和追寻。同样,设计教研室的大学生们获得的是一整套综合的知识,这些知识对于一个专业知识全面的建筑师来讲是必须的,它能够成为他们独创思想的基础。

具有独特意义的是这一专业领域毕业作品的特点:在一个环境对象中环境形成的空间问题和物质问题,对其进行综合解决的责任感,决定了最终环境设计方式出现的特别结果,它既反映了被设计者的客观环境和视觉可视特征,又反映了那些订户、消费者、观众的主观感受和期望。

建筑师专业化教育方向之九——建筑环境设计专业

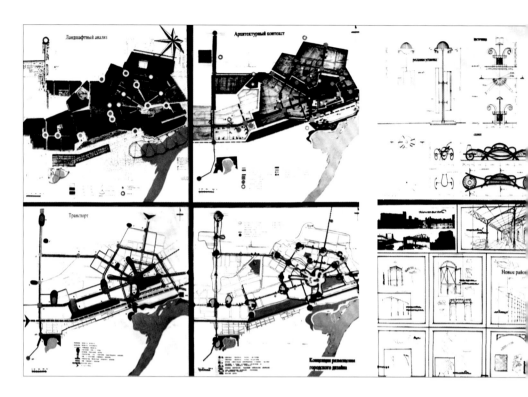

毕业设计——1996年
老城中心区的建筑环境艺术设计
作者：A.波科夫
导师：A.哈扎罗夫 副教授

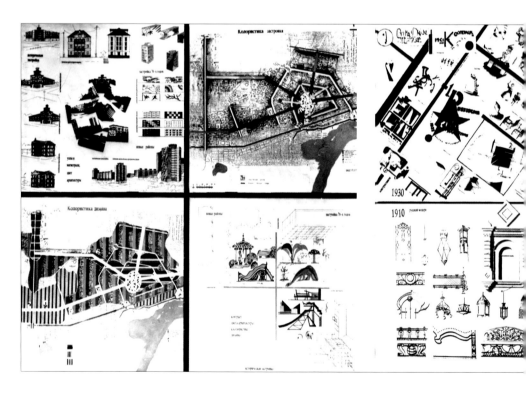

毕业设计——1994年
莫斯科城市中心区的建筑环境艺术设计

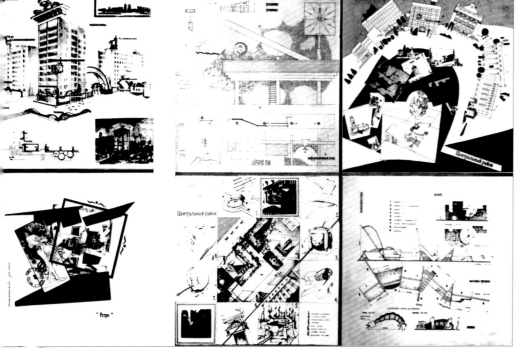

毕业设计——1996年
老城中心区的建筑环境艺术设计
作者：A.波科夫
导师：A.哈扎罗夫 副教授

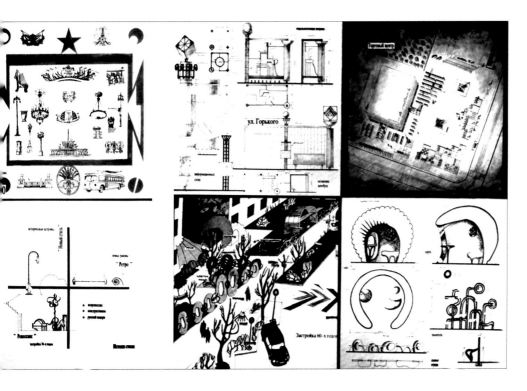

毕业设计——1994年
莫斯科城市中心区的建筑环境艺术设计

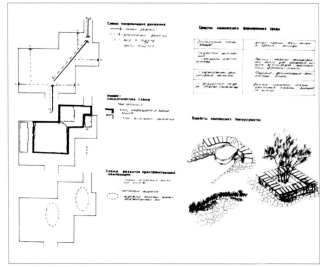 

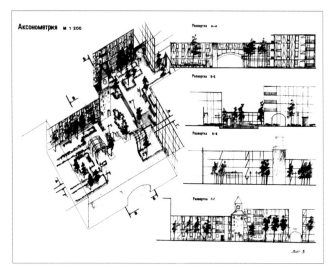 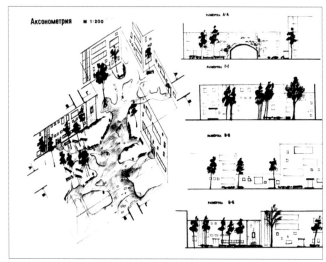

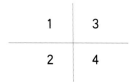

1.五年级　捷尔任斯克市的环境综合建设
学生：Д.盖拉伊莫维奇
　　　E.阿弗尼娜
　　　A.兹拉特柯夫斯卡娅
　　　A.卡茹哈娃
导师：B.T.姆克 教授
　　　N.A.楚维列夫 建筑师

　　该城市规划与设计方案得到城市管理机构的赞同。所谓城市规划与设计即相应的地点设置完善的设施,确定其发展的方向,建立相互间的视觉通道,确定色彩,将地形地貌有机地结合起来等等。以上的图纸还用来研究城市不同地区设施的风格与形式。

2、3.五年级
"综合环境"小组——居住区庭院设施的各种处理方式及分析
学生：А.玛尔奇娜
指导教师：В.史姆克 教授

　　居住建筑环境的设计及评定在建设中是否处于从属地位？带着这个问题,该设计在定义结构的空间体量时,学生们主要通过对地形环境和各种设施的应用来确定其可行性。

4.五年级　"材料与结构"小组
学生：М.斯科拉霍德
指导教师：А.П.埃勒玛拉耶夫 教授
　　　　　Т.О.舒里克 副教授

　　该项工作表明了美国建筑师结构创作小组,对结构原理,结构装饰材料的应用手法以及两者之间关系的分析与秘鲁首都沙滩小组建筑的构成相符。

建筑师创造力的培养 289

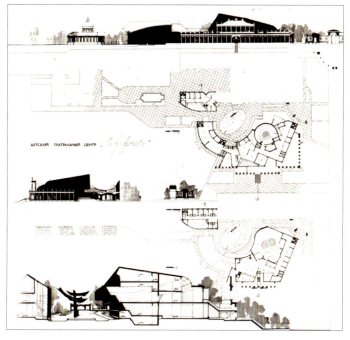

五年级
莫斯科儿童艺术中心的设计
学生：E.法勒瓦佐娃
指导教师：B.T.史姆克 教授
　　　　　Г.E.皮勒 建筑师

17世纪在皇家建筑的旧址中建起现代化的公共建筑，它既可供参观，又可供当地居民使用。

结构中心安放有一面具有18世纪风格的墙，这墙可把冬日休息的庭院与建筑的各个部分连成一个整体。

建筑师专业化教育方向之九——建筑环境设计专业

毕业设计——1996年
奥设维恩斯克城夏季学校的视觉形象设计
作者：E.玛尔琴科
指导教师：A.П.埃尔马拉夫 教授
　　　　　T.O.舒里卡

该设计使学生设计者在夏季实践视觉辨别,认知学校的事物总体。作为构图形式的象征,选择了"印记","印记"综合了自然现象,动物、植物世界,居民建筑的

构造。设计者本人可依据著名的设计师、艺术家的传统"印记"主题,应用到自己的作品中。

依据"印记"主题的设计,其总体本身熔入了制字铅模、商标、空白表格、名片、信封、纸做"印记"的标签;旗、书包、桌布、毛巾、屏风、三角形头巾,以及绸缎表面的补丁,突出了这所夏季学校自我的工作特性与环境,它位于阿尔汉格尔斯克州卡尔果科巴尔区。

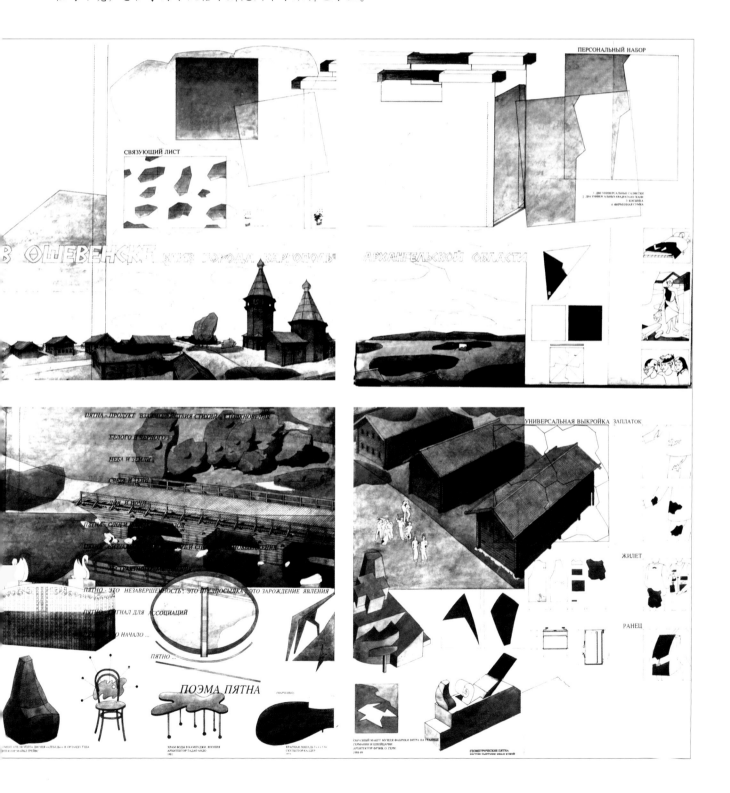

毕业设计——1996年
"地球"节的庆典
作者：Л.季米特里耶娃
指导教师：A.A.卡夫丽里娜 副教授

为在莫斯科市中心的现代建筑中举办节日庆祝活动，特意制定了演出与游戏计划表，并且为了实现这一目的使用了舞台布景快速安装与拆卸设备系统，这一系统，可以方便地在城市各个角落建设各种类型的综合性建筑体与广场。

莫斯科建筑学院（МАрхИ）的中国学生

Г.В.雷萨娃 副研究员　韩林飞 博士

莫斯科建筑学院（МАрхИ）最早在1954年接收了第一批中国留学生和研究生，截止1999年1月，共有12名中国大学生，19名博士研究生在莫斯科建筑学院完成学业，分别获建筑师、建筑学博士称号与学位。还有7名中国进修教师、访问学者在莫斯科建筑学院进行过研修。

现在在莫斯科建筑学院有五位中国留学生，其中一位来自台湾。尽管40多年来，在莫斯科建筑学院学习过的中国学生并不是很多，但他们认真的学习态度、勤奋的工作精神赢得了莫斯科建筑学院师生的广泛赞扬，其中一人获红色优秀毕业证书，一人获得1998年优秀博士论文奖，一人被聘为副教授。中国学生给莫斯科建筑学院的师生们留下了美好的印象。

1954年共有六名中国大学生进入莫斯科建筑学院学习，他们分别是汪骝、詹可生、解崇莹、姜明河、杨葆亭。他们在莫斯科建筑学院学习了六年，于1960年毕业。

1955年入学的中国大学生为：王仲谷、徐世勤、范际福、黄海华、郑华栋、杜真茹，他们于1961年毕业。

1960年毕业的中国学生，所在的是工业建筑学系。他们毕业设计的题目为："建筑工业联合企业"、"纺织联合企业"、"醋酯丝绸厂"、"合成橡胶厂"。毕业设计指导教师中有教授В.А.梅斯林和С.В.捷米多夫。

1961年毕业的学生分别在：民用建筑系、工业建筑系和城市规划系。他们毕业设计的题目为："居民小区"、"核电站"、"未来城市"。所有这些设计方案在答辩时都得到了很高的评价。

莫斯科建筑学院博物馆的档案室里保存着王仲谷1961年毕业时的两张设计方案，其"未来城市"方案是在教授Н.В.帕拉诺夫领导下完成的。在这里保存的还有其二三年级的一些设计方案的底稿和中国其他学生的一份毕业设计作品。从保留的底稿印迹可以推断出该同学展示在"建筑设计"课上很好的学习业绩，许多设计方案已被推荐到教研室教授方法基金会。

年级作业是在学院主要教育家领导下完成的：他们是З.С.车尔尼雪沃依、Т.К.玛卡雷契娃、Е.Б.娜威科沃依。

1953年进入莫斯科建筑学院攻读博士学位的朱畅中先生，是第一个在莫斯科建筑学院获得建筑学博士学位的中国人，也是第一位进入莫斯科建筑学院的中国学生。他于1957年获得前苏联建筑学博士学位称号，其论文题目是：《苏联大城市公共中心区改建的规划经验以莫斯科、列宁格勒、基辅、明斯克、斯大林格勒为例》，他的导师是苏联著名建筑学者—А.什维德科夫斯基院士。

1954年汪孝慷、叶谋方、李采、赵冠谦、金大勤先生在莫斯科建筑学院攻读博士学位，于1958年毕业。

1954年童林旭先生进入莫斯科建筑学院攻读博士学位，于1959年毕业。

1956～1960年，李景德先生在莫斯科建筑学院获博士学位。

1956～1958年，清华大学汪国瑜、李德跃、刘鸿滨，哈尔滨建筑工程学院张之凡先生等，先后在莫斯科建筑学院研修。

1957～1961年，杨光峻、章扬杰、蒋孟厚先生在莫斯科建筑学院攻读，并获得博士学位。

1958～1962年，唐峻昆、张岫云、张昭纲先生在莫斯科建筑学院攻读，并获得博士学位。

1959～1963年，蔡镇钰、张耀曾、邹启章先生在莫斯科建筑学院攻读，并获得博士学位。

1963～1989年，由于历史原因，近30年中国学生无一个进入莫斯科建筑学院学习。

1989～1992年，吕富珣、孙明成先生为近30年后首次进入莫斯科建筑学院攻读博士学位的中国研究生。

1994～1998年，韩林飞先生在莫斯科建筑学院攻读博士学位。

1997年，张大卫、冯菲菲先生在莫斯科建筑学院预科部学习。

1998年，陈昌明先生在莫斯科建筑学院攻读硕士学位。

附：莫斯科建筑学院档案资料馆中国学生资料

汪 骊　1954～1960年 工业建筑"建筑工业联合企业"
　　　1960年"建筑工业联合企业"毕业，设计底稿。
　　　指导教师：B.A.梅斯林（档案号No.392/1～10）

解崇莹　1954～1960年 工业建筑"纺织联合企业"

姜明河　1954～1960年 工业建筑"醋酯丝绸厂"

詹可生　1954～1960年 工业建筑"合成橡胶厂"
　　　1956～1957年 三年级设计"居民综合楼"，六张图纸（档案号No.1160/6～11）

杨葆亭　1954～1960年 工业建筑"醋酯丝绸厂"

王仲谷　1955～1961年 城市规划设计"未来城市"
　　　1961年 毕业设计"未来城市"
　　　指导教师：H.B.帕拉诺夫，两张图纸（档案号No.726/1～2）
　　　1956～1957年 二年级设计图，"低层居民楼方案"一份底稿（档案号No.1102）、"展览厅"两份底稿（档案号No.1150/1～2）
　　　指导教师：3.C.车尔尼雪娃

杜真茹　1955～1961年 民用建筑"居民小区"

徐世勤　1955～1961年 工业建筑"核电站"
　　　1956～1957年 二年级设计底稿"公共汽车站"一份底稿（档案号No.1063）

范际福　1955～1961年 城市规划设计"未来城市"
　　　1956～1957年 二年级设计"低层居民楼方案"一份底稿（档案号No.1138）
　　　指导教师3.C.车尔尼雪娃

黄海华　1955～1961年 城市规划设计
　　　1956～1957年 二年级设计"公共汽车站"一份底稿（档案号No.1081），"低层居民楼方案"，三份底稿（档案号No.1135/1～3）。

朱畅中　1953～1957年 博士论文题目：前苏联大城市中心区改建的经验——以莫斯科列宁格勒、基辅、明斯科、斯大林格勒为例。
　　　导师：O.A.什维德科夫院士。

汪孝慷　1954～1958年 博士论文题目：中国工人俱乐部建设规划问题。
　　　导师：M.И.辛雅夫斯基院士。

叶谋方　1954～1958年 博士论文题目：3～5层住宅建筑标准设计的经验及对中国的启示。
　　　导师：M.O.巴尔什教授。

赵冠谦　1956～1958年 博士论文题目：汽车—拖拉机厂的标准化建筑设计
　　　导师：A.C.菲辛科教授。

金大勤　1954～1958年 博士论文题目：居住小区的生活、福利设施。
　　　导师：H.X.巴利雅科夫教授。

童林旭　1955～1959年 博士论文题目：大型水利枢纽的区域规划问题。
　　　导师：И.C.居格莱耶夫教授。

李景德　1956～1960年 博士论文题目：前苏联精加工企业的规划经验及对中国的启示。
　　　导师：И.C.尼格莱耶夫教授。

杨光峻　1957～1961年 博士论文题目：机械制造企业一层厂房的人工照明设计。
　　　导师：H.M.古舍夫教授。

章扬杰　1957～1961年 博士论文题目：前苏联南部疗养建筑的设计经验及其对中国疗养建筑的启示。
　　　导师：M.П.巴鲁斯尼科夫教授。

蒋孟厚　1957～1961年 博士论文题目：前苏联高层工业建筑经验对中国的借鉴。
　　　导师：B.B.布拉格曼院士。

唐峻昆　1958～1962年 博士论文题目：中型城市居住区中心规划设计的几个问题。
　　　导师：A.A.巴甫洛夫院士。

张岫云　1958～1962年 博士论文题目：纺织工厂的先进类型。
　　　导师：Г.M.图波列夫教授。

蔡镇钰　1959～1963年 博士论文题目：居住小区中心公共建筑的新类型。
　　　导师：Г.Б.巴勒欣教授。

张耀曾　1959～1963年 博士论文题目：具有部分与全部服务功能的新型住宅。
　　　导师：M.O.巴尔什教授。

吕富珣　1989～1992年 博士论文题目："考工记"暨中国传统城市建筑艺术的发展。
　　　导师：O.A.什维德科夫斯基。

孙 明　1989～1992年 博士论文题目：17～18世纪中国及欧洲的园林艺术。
　　　导师：C.阿尔戈夫。

韩林飞　1994～1998年 博士论文题目：传统与现代近20年中俄城市设计的比较。
　　　导师：Д.O.什维德科夫斯基。

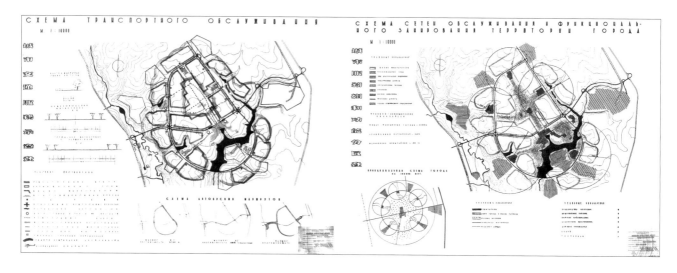

1、2.毕业设计——1961年,未来的城市
　　作者：王仲谷
　　导师：H.B.帕拉诺夫
3.1956年,二年级设计图
　　"低层居民楼方案"底稿
　　作者：王仲谷
　　导师：3.C.车儿尼雪娃
4.1956年　二年级设计图
　　"展览厅"底稿
　　作者：王仲谷
　　导师：3.C.车儿尼雪娃

姜明河　汪骝　杨葆亭　解崇莹　詹可生

1954年进入莫斯科建筑学院学习的中国学生

建筑师创造力的培养

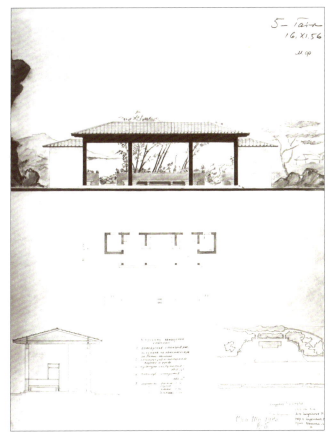

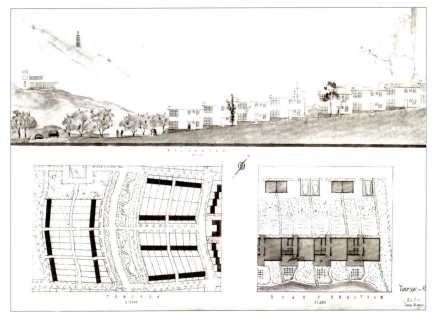

1 | 2

3

1. 二年级设计底稿——1956年
公共汽车站
作者：徐世勤
2. 二年级设计底稿——1956年，
"低层居民楼方案"底稿
作者：黄海华
3. 三年级设计——1957年
居民综合楼
作者：詹可生

黄海华　杜真如　王仲谷　徐世勤　范际福

1955年进入莫斯科建筑学院学习的中国学生

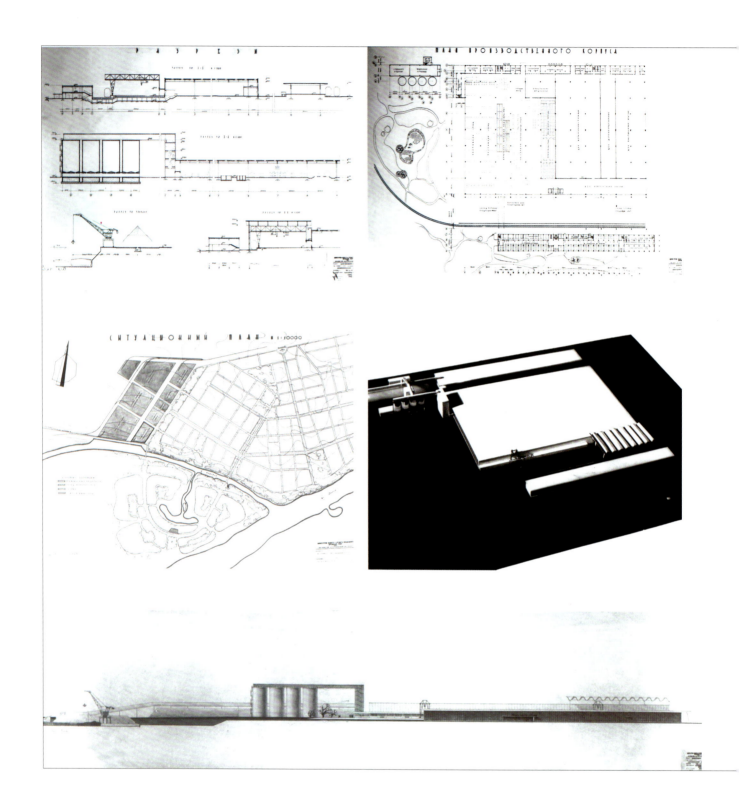

毕业设计——1960年"建筑工业联合企业"设计底稿
作者：E.玛尔琴科
导师：B.A.梅斯林
　　该设计完整地体现了大跨度工业建筑的技术与功能的结合。从工业建筑的总图布局、技术结构、大跨度

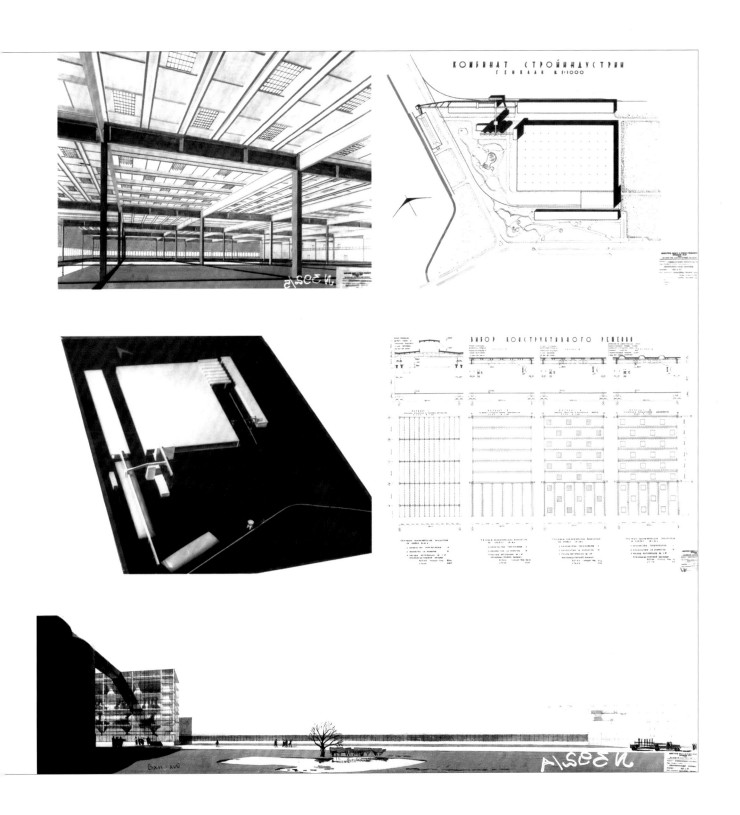

空间、建筑形象、建筑与自然环境等各个方面很好地研究了建筑工业企业的需求。作者以图纸的形式充分地表达了模型制作、室内设计等层次的细致设计，荣获优秀毕业设计。

谨以此书的出版纪念B.A.普利什肯教授
The book was published sincerely in memory of prof. B.A.Plishkin

图书在版编目(CIP)数据

建筑师创造力的培养——从苏联高等艺术与技术创作工作室（ВХУТЕМАС）到莫斯科建筑学院（МАРХИ）/韩林飞等著. —北京：中国建筑工业出版社，2004
ISBN 978-7-112-06390-1

Ⅰ.建… Ⅱ.韩… Ⅲ.建筑学－高等教育－俄罗斯 Ⅳ.TU-40

中国版本图书馆 CIP 数据核字（2004）第 020146 号

责任编辑：杨　虹
责任设计：崔兰萍
责任校对：王雪竹　孟　楠

建筑师创造力的培养
——从苏联高等艺术与技术创作工作室（ВХУТЕМАС）到莫斯科建筑学院（МАРХИ）

韩林飞　В.А.普利什肯　霍小平　著

*

中国建筑工业出版社出版、发行(北京西郊百万庄)
各地新华书店、建筑书店经销
北京嘉泰利德公司制版
北京画中画印刷有限公司印刷

*

开本：889×1194毫米　1/16　印张：19　字数：585千字
2007年9月第一版　2007年9月第一次印刷
印数：1—2000册　定价：150.00元
ISBN 978-7-112-06390-1
　　　(12404)

版权所有　翻印必究
如有印装质量问题，可寄本社退换
(邮政编码 100037)